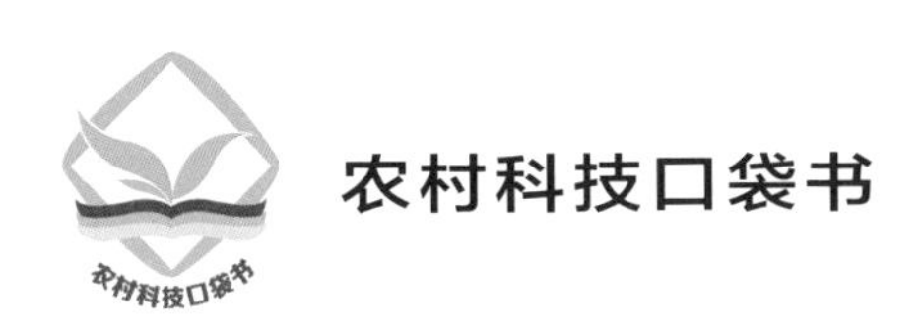

木材加工利用新技术

中国农村技术开发中心　编著

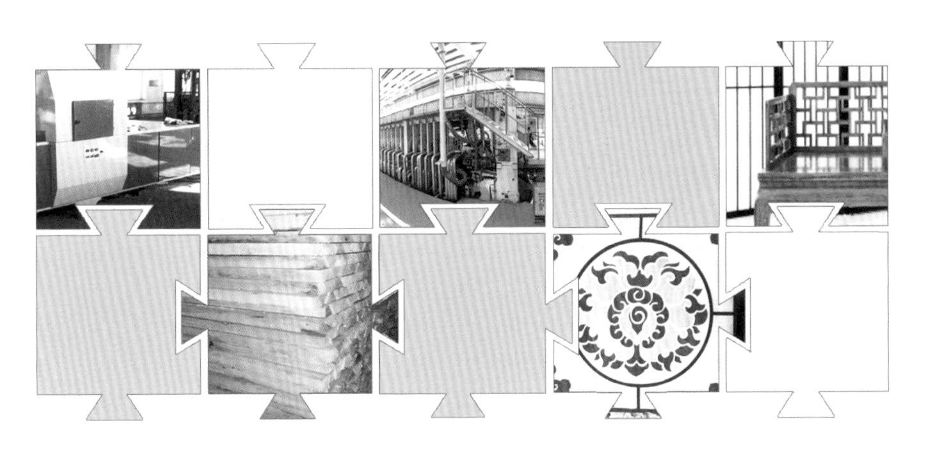

中国农业科学技术出版社

图书在版编目（CIP）数据

木材加工利用新技术 / 中国农村技术开发中心编著 . -- 北京：中国农业科学技术出版社，2021.10

ISBN 978-7-5116-5484-7

Ⅰ . ①木… Ⅱ . ①中… Ⅲ . ①木材加工 Ⅳ . ① TS65

中国版本图书馆 CIP 数据核字（2021）第 184941 号

责任编辑 史咏竹
责任校对 马广洋
责任印制 姜义伟 王思文

出 版 者 中国农业科学技术出版社
北京市中关村南大街 12 号 邮编：100081
电　　话 （010）82105169（编辑室）
（010）82109702（发行部）
（010）82109709（读者服务部）
传　　真 （010）82106626
网　　址 http://www.castp.cn
经　　销 各地新华书店
印　　刷 北京地大彩印有限公司
开　　本 145mm × 210mm 1/32
印　　张 4.625
字　　数 120 千字
版　　次 2021 年 10 月第 1 版 2021 年 10 月第 1 次印刷
定　　价 19.80 元

《木材加工利用新技术》

编著委员会

主　　任：邓小明

副 主 任：卢兵友　储富祥　刘军利

成　　员：（按姓氏笔画排序）

王振忠　刘玉鹏　张宜生　董　文

傅　峰　鲁　淼　童　冉

主 编 著：董　文　傅　峰

副主编著：张宜生　刘玉鹏　王振忠　鲁　淼

编 著 者：（按姓氏笔画排序）

丁　涛　于文吉　马　青　马红霞　王春鹏

王艳伟　王喜明　龙　玲　母　军　吕　斌

吕满庚　伊松林　刘　如　刘　英　刘文金

刘传清　江京辉　许　凤　孙伟圣　李　伟

李长贵　李建章　李淑君　李新国　杨亮庆

吴义强　吴智慧　张　猛　张世峰　张占宽

张立新　张亚慧　张金萍　陈介南　陈志林

范东斌　金月华　周晓燕　周海宾　周培国

房桂干　胡立红　姜　鹏　祝荣先　袁应粮

徐　伟　徐　勇　徐兆军　郭　玺　郭文静

梅长彤　彭晓瑞　韩雁明　詹先旭

前言

PREFACE

“十三五”国家重点研发计划“林业资源培育及高效利用技术创新”重点专项（以下简称林业专项）是农业领域首批启动的重点专项之一。林业专项紧紧围绕我国当前林业资源培育和利用所面临的重大战略需求，以提高人工林生产力和资源加工利用水平为目标，按照主要人工林高效培育和加工利用基础研究、关键技术研究和集成示范“全链条设计、一体化实施”的思路，布局项目 26 个，投入总经费 8.32 亿元。

其中，木材加工利用领域部署了“木材材质改良的物理与化学基础”“木材工业节能降耗与生产安全控制技术”“木基材料与制品增值加工技术”“人工林剩余物资源化利用技术研究”“绿色环保木质材料生产技术集成与示范”“珍贵树种木材家具制造技术集成与示范研究”“珍贵树种地板增值加工技术集成与示范研究”“珍贵树种木门增值加工技术集成与示范研究”等项目和课题。

“十三五”收官之际，为将已经获得第三方成果评价和新产品鉴定的最新科技成果及时向社会发布，支撑行业发展和地方需求，中国农村技术开发中心组织林业专项总体专家组、中国林业科学研究院木材工业研究所、中国林业科学研究院林产化工研究所等相关项目牵头单位，在各主要成果完成人的大力配合下，按照人造板生产技术、木制品生产技术、表面装饰技术、木材剩余物资源化加工利用技术4个板块，优选出木材加工利用新技术、新产品等55项成果。希望这些成果能够对我国木材加工产业转型升级，推动绿色发展，满足人民对美好生活的需求提供有效科技支撑。

编著者

2021年9月

目　录

CONTENTS

第一篇　人造板生产技术

第一章　纤维板..02

豆粕胶黏剂无醛中密度纤维板制造关键技术..02

第二章　胶合板..04

木单板太阳能预干协同干燥技术..04

厚芯实木复合板材制造技术..06

纤维增强层积异型胶合木构件制造技术..08

第三章　刨花板..10

轻质可饰面定向刨花板制造技术..10

基于超薄大片刨花的轻质刨花板制造技术..12

改性豆粕胶无醛低气味刨花板..14

第四章　重组材..16

木质重组材料制造技术...16

户外重组木地板产品...19

第五章　胶黏剂..22

双组分豆粕胶黏剂协同交联增强技术..22

耐沸水高强度植物蛋白胶黏剂制备与应用技术……24
低成本Ⅱ类人造板无醛植物蛋白胶黏剂制备与应用技术……27
生物基高活性植物蛋白胶黏剂交联剂制备与应用技术……30
第六章 环保安全……33
中密度纤维板热压尾气净化技术及装置……33
中密度纤维板干燥尾气废水净化技术及装置……35
木粉尘燃爆防控火花探测技术及装置……37

第二篇 木制品生产技术

第七章 干 燥……40
樟木锯材汽蒸处理节能干燥及质量控制技术……40
松杉木锯材高温绿色节能干燥技术……42
小径材高效干燥及稳定性处理技术……44
人工林柚木和水曲柳高效干燥与弯曲成型技术……46
第八章 加 工……49
珍贵树种绿色增值加工技术……49
国产珍贵树种木门增值加工与集成技术……51
木门门套装饰板异形拼接与饰面技术……54
室内实木复合隔声门制造技术……56
珍贵树种小径木集成复合家具构件制造技术……58
珍贵树种实木地热地板增值加工技术……61
防开裂柔性面实木地热地板加工技术……64

人工林柚木实木复合地板加工技术......67
木基缠绕压力输送管制备技术......70
木结构民居梁柱节点复合式增强技术......72
板式定制家居产品柔性制造与智能分拣关键技术......74
板式定制家居产品三维参数化设计与虚拟展示关键技术......76
ZJCZ 有机木材防腐剂制备技术......78

第三篇　表面装饰技术

第九章　薄木饰面......82
塑膜增强柔性装饰板薄木制备技术......82
国产人工林珍贵材薄木饰面模压浮雕门......84
国产人工林珍贵材薄木饰面木质复合门......87
人工林珍贵薄木饰面防火门......89
第十章　油漆饰面......91
木制品表面数字化木纹 UV 树脂数码喷印装饰技术......91
快干水性 UV 固化木器涂料制备和应用技术......93
高仿真数码打印浸渍胶膜纸制造技术......95
高仿真数码打印装饰纸强化木地板......97
第十一章　化学调色......99
基于单宁酸—铁离子络合的木材调色技术......99
木材化学变色技术......101
表面化学变色实木复合地板......104

第四篇 木材剩余物资源化加工利用技术

第十二章 生物质材料与化学品……108

pH值响应木质素纳米级缓释材料……108

木质素基荧光纳米材料制造技术……110

林业废弃物食用菌基质生产技术……112

木质素和纳米二氧化硅协同增强酚醛泡沫技术……115

木质素生物基环氧树脂及化学灌浆材料制备技术……117

纤维素绿色溶剂体系开发及食品包装膜材料制备技术……119

基于有机酸催化的低聚木糖及葡萄糖绿色多联产技术……122

第十三章 制浆造纸与活性炭……125

林木剩余物高得率清洁制浆技术……125

车用燃油挥发控制用木质活性炭关键技术……127

用于油水分离的落叶松基泡沫炭……130

原位掺氮自成型颗粒活性炭……131

第一篇
人造板生产技术

第一章 纤维板

豆粕胶黏剂无醛中密度纤维板制造关键技术

技术目标

我国是世界人造板生产和消费大国。目前国内用于人造板生产的木材胶黏剂仍以“三醛胶”为主，而传统“三醛胶”存在产品结构和性能单一、潜在甲醛释放、产品档次低等突出问题。豆粕胶黏剂无醛中密度纤维板制造关键技术实现了无醛人造板用生物质胶黏剂的规模化生产，并成功应用于纤维板连续平压生产线，生产的普通型、吸音型、儿童家具型等系列豆粕胶无醛中密度纤维板，可应用于衣柜、橱柜、地板基材、高品质儿童玩具等室内装饰材范围。

主要特征和技术指标

该技术研发了双组分豆粕胶黏剂，提升了豆粕胶黏剂的初黏性和固化性能，弹性模量和热稳定性高出脲醛树脂 30%，固化速度相对酚醛树脂提高 20%，解决了生物质胶黏剂易霉变、储存期短、黏度高难喷涂、烘干过程中豆粕易氧化变性等问题；建立了多组分多形态物料混合、柔性增韧、梯级热压调控等技术，无醛纤维板的镂铣性能提升 40%，生产效率提高 25%，产品物理力学性能等各项指标提高 50% ～ 90%；甲醛释放量从 E1 级提高至无醛级，有机挥发物释放量降低 78%，优等品率提高至 98% 以上，在连续平压生产线上实现了生物质胶黏剂无醛中密度纤维板工业化生产。

胶液添加　　热压阶段　　翻板冷却　　豆粕无醛板　　批量生产

豆粕胶中密度纤维板连续压机生产示范线

社会经济效益和市场前景

该技术在广西（广西壮族自治区，全书简称广西）南宁、百色建立2条无醛纤维板连续化平压生产示范线，年产能达35万m^3，普通型、吸音型、儿童家具型豆粕胶中密度纤维板等系列新产品，应用于衣柜、橱柜、地板基材、高品质儿童玩具等制造，深受市场欢迎，无醛纤维板及下游产品新增产值约15.9亿元。按照无醛纤维板市场占比10%计算，未来将有超过600万m^3的无醛纤维板市场需求，市场规模将达120亿元。

成果来源：“木材工业节能降耗与生产安全控制技术”项目

联系单位：中国林业科学研究院林产化学工业研究所，广西丰林木业集团股份有限公司

通信地址：江苏省南京市玄武区锁金五村16号

邮　　编：210042

联 系 人：王春鹏

电　　话：13951605561

更多信息参见 http://www.icifp.cn/conn/list.aspx

第二章 胶合板

木单板太阳能预干协同干燥技术

技术目标

单板主要由原木直接旋切而成，其初始含水率较高，干燥过程是影响胶合板、单板层积材等产品质量的重要因素。太阳能是一种绿色、可再生资源，但存在间歇性和不稳定性的缺点，现有木材太阳能干燥技术无法直接用于单板太阳能干燥过程。针对太阳能的弱点以及不能实现木单板预干过程中干燥介质参数稳定等问题，开发了木单板太阳能连续干燥系统，不仅实现了木单板的连续干燥，还优化了胶合板生产能源利用结构。通过将太阳能预干—网带式干燥协同作用，实现木单板的节能、高效和低成本干燥，单板干燥质量大幅提高。

木单板太阳能预干协同干燥生产示范线

主要特征和技术指标

木单板太阳能预干协同干燥技术包含木单板含水率检测系统，可实现太阳能预干过程中木单板含水率的在线实时精准检测；以石蜡、三聚氰胺、尿素、甲醛、纳米碳化锆、膨胀石墨等为原料，制备石蜡相变微胶囊储能材料，该储能材料具有导热系数高、吸热性能强等特点，可在木单板太阳能干燥中发挥热储能和热调节作用，具有制备方法简单、易控制、灌装方便等优点。开发的木单板太阳能连续干燥系统，实现了木单板连续干燥和能源优化利用。本成果整体具备节能、高效和低成本等优点。

社会经济效益和市场前景

该技术已在山东和浙江等地进行推广应用。浙江升华云峰新材股份有限公司建成了年干燥能力为 20 000m^3 木单板的生产示范线，可使桉木和杨木单板干燥能耗降低 15.33%，干燥成本降低 21.21%，相比于大气干燥，单板含水率偏差减少 35.5%，翘曲度减少 49.3%，单位面积开裂增加条数减少 63.6%，平均裂纹增加长度减少 50.7%，经济效益与社会效益显著。

成果来源：“木材工业节能降耗与生产安全控制技术”项目

联系单位：北京林业大学，浙江升华云峰新材股份有限公司

通信地址：北京市海淀区清华东路 35 号北京林业大学

邮　　编：100083

联 系 人：母军

电　　话：13521230143

更多信息参见 http://kyc.bjfu.edu.cn/cgzh/index.html

厚芯实木复合板材制造技术

技术目标

胶合板是我国人造板产品的第一大板种。2019 年，全国人造板总产量为 30 859 万 m^3，其中胶合板产量 18 006 万 m^3。然而，传统胶合板产业存在劳动生产率低、产品实木感差、胶层多且用胶量大等缺陷，产品附加值较低，同质化竞争严重，极大地挫伤了林农种植的积极性，急需新技术支撑，实现产业升级。本成果综合了多元复合无甲醛耐水性胶黏剂和超厚单板旋切及应力降解技术。采用超厚单板（6 ~ 10mm）旋切和应力降解技术，制造出的板材可达到美国 CARB 标准体系认证要求，同时可降低板材的施胶量 30% 左右，大幅度地提高了生产效率。相较于传统胶合板，新制得的板材是一种甲醛释放量低、胶合性能优、实木感强的新型绿色环保型装饰材料。

喷雾施胶机

厚芯实木复合板材

主要特征和技术指标

厚芯实木复合板材制造技术开发出了厚芯实木复合板材、高效环保防腐剂、超厚单板复合层积材和超厚单板正交胶合木等系列新产品，产品甲醛释放限量达到无醛级别；燃烧性能符合《建筑材料及制品燃烧性能分级》（GB 8624—2012）B1(C) 级要求；防白蚁蛀蚀等级 9.5 级，防腐朽等级为强耐腐等级，实现了人工林木材的高效、高值化利用，推广应用前景广阔。

社会经济效益和市场前景

采用该项技术所生产的板材性能指标达到或超过改性脲醛胶的技术指标，并且工艺相对简单，热压工艺容易掌握。同时，该项技术不仅具有原材料利用率高、生产效率高、节约能耗的特点，而且制得的产品有生产清洁、无甲醛释放、耐水性强等优点，可广泛应用于室内装饰装潢、墙板、天花板、饰面板、家具等领域，具有广阔的市场前景。目前，该项技术经过多次中试以及生产性试验已经形成成熟技术，并已经对外转让。

成果来源：“木基材料与制品增值加工技术”项目
联系单位：中国林业科学研究院木材工业研究所
通信地址：北京市海淀区香山路东小府 2 号
邮　　编：100091
联 系 人：张亚慧，于文吉
电　　话：010-62889436
电子邮件：zhangyahui@caf.ac.cn
更多信息参见 http://criwi.caf.ac.cn/cgtg.htm

纤维增强层积异型胶合木构件制造技术

技术目标

我国是家具制造和消费大国。弯曲木家具凭借款式多变、现代感强等特点，能充分体现消费者的个性化需要，成为近年来家具领域中新的快速增长点。然而，目前家具产品中异型木构件的强度过度富余，造成了木材材料和资源的浪费。针对上述问题，从结构优化、局部增强和快速胶合三方面入手，研发出纤维增强层积异型胶合木构件制造技术，实现了速生木材高附加值利用和节约木材资源的目标。

预热定型

高频热压

层积异型胶合木椅制备

主要特征和技术指标

纤维增强层积异型胶合木构件制造技术运用计算机技术对层积

异型胶合木构件的结构进行力学分析，通过结构优化和强度预测，找出强度薄弱节点，为局部增强提供理论依据，解决强度富余的问题。采用纤维增强材料（如玻璃纤维、碳纤维等）对层积异型胶合木构件的局部进行增强，建立了纤维增强材料等离子体预处理方法。研发了纤维增强材料与木材的复合技术，以及纤维增强层积异型木构件的高频热压快速胶合技术，制备出了性能优良的纤维增强层积异型木构件。产品物理力学性能符合相应木家具国家标准和企业标准的要求，节材率可达18%～25%，显著降低了生产成本，提高了产品附加值。

社会经济效益和市场前景

该项成果已申请了2件发明专利，具有自主知识产权。在梦天家居集团股份有限公司和北京奥斯格尔家具有限公司弯曲木家具生产线上应用，取得了良好的经济效益。

成果来源：“木材工业节能降耗与生产安全控制技术”项目

联系单位：南京林业大学
通信地址：江苏省南京市玄武区龙蟠路159号
邮　　编：210037
联 系 人：周晓燕
电　　话：18761868518

更多信息参见 https://kjc.njfu.edu.cn/c2816/index.html

轻质可饰面定向刨花板制造技术

技术目标

可饰面定向刨花板兼具了胶合板的木质单元较长、层次分明、排列均匀的特点，以及普通刨花板生产简便易操作、可连续化生产的特点，是一种强度高、抗剪性能强、静曲强度大、可大规模产业化生产的板材。但是可饰面定向刨花板密度高，加工性差一直制约其使用，其轻质化是产业发展面临的技术难题。轻质可饰面定向刨花板制造技术通过研究不同刨花形态对板材力学性能的影响，明确了刨花尺寸对可饰面定向刨花板力学性能影响的规律，把可饰面定向刨花的密度从 $0.65g/cm^3$ 降低到 $0.59g/cm^3$。同时进一步完善和改进了轻质可饰面定向刨花板的生产工艺，减少板材的翘曲变形，在减轻板材质量的同时提升了板材的质量和耐候性。

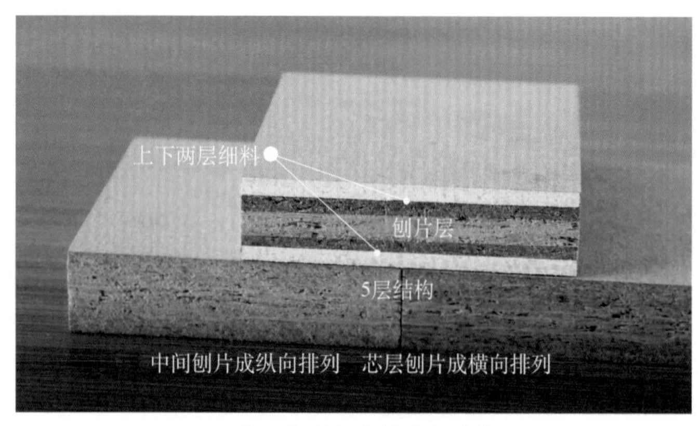

轻质可饰面定向刨花板结构

主要特征和技术指标

产品在低密度下仍然保持高强度，其理化性能达到了可饰面定向刨花板（T/CTWPDA03-2017 中 B3 型）的要求，17 ～ 18mm 厚，静曲强度≥ 12MPa，弹性模量≥ 1 800MPa，内结合强度≥ 0.45MPa，表面胶合强度≥ 1MPa。

社会经济效益和市场前景

与普通可饰面定向刨花板生产相比，该技术成本降低 150.27 元 /m^3。原材料利用率高、生产效率高、能耗少，工艺相对简单，热压工艺容易掌握。产品清洁、无甲醛、耐水性强，可广泛应用于室内装饰装潢、墙板、天花板、饰面板、家具等领域，具有广阔的市场前景。

成果来源：“木基材料与制品增值加工技术”项目
联系单位：山东省林业科学研究院
通信地址：山东省济南市文化东路 42 号
邮　　编：250014
联 系 人：李长贵
电　　话：13953112879
电子邮件：lichg1017@126.com
更多信息参见 http://sdlyyjy.keyan.kjzxfw.com/index.html

基于超薄大片刨花的轻质刨花板制造技术

技术目标

近年来我国定制家居产业快速发展。据统计，2018 年定制家居企业刨花板用量约占全国刨花板产量的 64%。随着产品发展的多样化，普通家具用刨花板的性能，已经不能满足定制家居所有不见产品的要求。家具部件如门板、台面板等，以及大幅面一体化产品结构，如从地面到屋顶的一体化大幅面门板产品，都对刨花板提出了质量轻、高强度、抗变形的需求。基于超薄大片刨花的轻质刨花板制造技术重点突破了超薄大片刨花形态调控及制备技术，并针对超薄大片刨花易碎易卷曲的技术难点，创新采用低温带式干燥、立式高压雾化施胶、多组多形态铺装头精准铺装等多项技术集成，实现在连续平压生产线上制备轻质刨花板产品。

主要特征和技术指标

该成果创新了超薄大片刨花制备、超薄大片刨花低温带式干燥递进式进料、超薄大片刨花立式高压雾化施胶和刨花精准铺装等技术，制备出具有较小长宽比和厚度均匀的超薄大片刨花，提高了干燥质量和效率，实现了超大刨花的非定向均匀铺装和表面细刨花的精准控制。产品经国家人造板与木竹制品质量监督检验中心检测，产品密度 0.50g/cm^3，各项物理力学性能均符合《刨花板》（GB/T

4897—2015）干燥状态下使用的家具型刨花板指标要求。

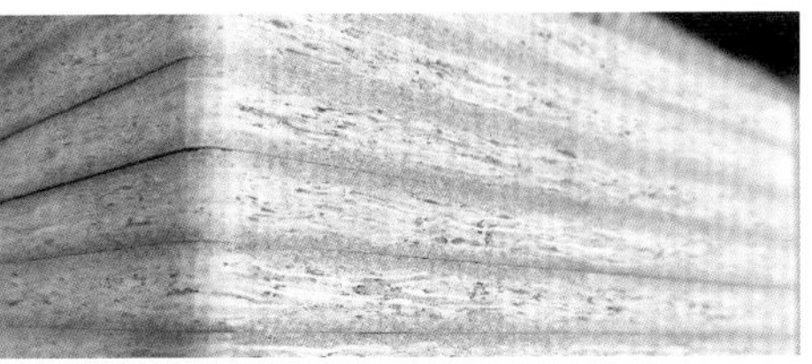

超薄大片刨花（左）与轻质刨花板（右）

社会经济效益和市场前景

该成果通过制备特定形态超薄大片刨花做芯层，实现产品轻质高强的目的，建立了国内首条年产 40 万 m^3 的轻质刨花板连续化生产线。开发的轻质刨花板产品密度 0.50g/cm^3，与普通家具型刨花板（0.64 ～ 0.72g/cm^3）相比，密度降低 15% 以上，同时物理力学性能满足 GB/T 4897—2015 中干燥状态下使用的家具型刨花板要求，是综合性能优良的家具用板材。与已有的三明治结构轻质发泡刨花板以及德国 BASF 研发的 Kaurit® Light 轻质刨花板产品相比，该技术制备的轻质刨花板不需要额外引入轻质填料或发泡物质，也不需要增加额外的工艺，可实现轻质刨花连板续化生产。

成果来源：“木基材料与制品增值加工技术”项目
联系单位：中国林业科学研究院林业新技术研究所
通信地址：北京市海淀区香山路东小府 2 号
邮　　编：100091
联 系 人：郭文静
电　　话：010－62889422
电子邮件：guowj@caf.ac.cn
更多信息参见 http://rifnt.caf.ac.cn/kygz/kycg.htm

改性豆粕胶无醛低气味刨花板

技术目标

该项目针对我国传统刨花板潜在甲醛释放问题及利用现有无醛木材胶黏剂无法连续化制造的技术瓶颈，以豆粕及木质刨花为主要原料，研发无醛刨花板高效连续平压生产控制技术，开发出了具有优良物理力学性能、尺寸稳定性及环保性的木质刨花板，并通过采用提质增效、增韧防黏、多管道施胶及除味等关键技术，创制了改性豆粕胶无醛低气味刨花板。

改性豆粕胶无醛低气味刨花板

主要特征和技术指标

改性豆粕胶无醛低气味刨花板具有良好的物理力学性能和环保性能。改性豆粕胶无醛低气味刨花板的密度为 0.63g/cm^3，内胶合强度 0.56MPa，表面胶合强度 1.50MPa，2h 吸水厚度膨胀率 1.20%，静曲强度 13.0MPa，弹性模量 2 500MPa，握螺钉力 1 350MPa（板面）、

1 010MPa（板边），甲醛释放量达到无醛级，总挥发性有机化合物（TVOC）为 0.09mg/（m^2·h）（72h），挥发性有机污染物释放达到 A+ 级。

社会经济效益和市场前景

该技术提升了木材产品的环保性能和产品价值，实现了刨花板生产过程中无甲醛添加，与 E0 级刨花板相比消除了甲醛释放。创制的新产品可用于衣柜、橱柜等室内装饰材方面，具有明显的技术、环保、品质和经济性等优势，应用前景广阔。填补了国内外豆粕胶无醛刨花板规模化连续化制造的空白，实现了无醛刨花板的规模化绿色制造，为绿色家居和绿色居住环境提供技术和材料支撑，推动了我国人造板产业绿色转型升级。

无醛刨花板连续压机生产线

成果来源：“木材工业节能降耗与生产安全控制技术”项目

联系单位：中国林业科学研究院林产化学工业研究所

通信地址：南京市玄武区锁金五村 16 号

联 系 人：王春鹏

电　　话：13951605561

更多信息参见 http://www.icifp.cn/conn/list.aspx

木质重组材料制造技术

技术目标

为了缓解优质木材资源短缺和木质材料需求巨大这一矛盾，克服人工林木材径级小、材质软、强度低和材质不均等缺陷，利用我国资源丰富的速生人工林木材为主要原材料，通过木质重组单元规则化制备和纤维定向分离、树脂单元连续浸渍、木质重组材料成型等关键技术点的突破，创新了高性能木质重组材料制造技术，研发出高耐候性、高强度结构用、高环保性等系列重组材料，开发了“重组木户外地板”“重组木梁柱”“重组木窗”“重组木家具”“重组木挂板”“重组木护栏”等系列新产品。

木质重组单元纤维定向分离装备（左）与木质重组材料（右）

主要特征和技术指标

木质重组材制备关键系列新技术包含木质重组材料连续浸渍、木质重组材料热压罐成型、木质重组材料防霉处理、无醛环保型木质重组材料制造 4 项新技术和装备。利用该技术生产的木质重组材料作为一种高性能复合材料具有 3 个显著特点：一是性能可控、规格可调和结构可设计；二是具有优良的物理力学性能，性能可与优质的硬阔叶材媲美；三是可以实现小材大用和劣材优用。制备的桉木重组木、杨木重组木在密度、硬度、强度和表面光洁度等均达到或超过了硬阔叶材，防腐性能达到强耐腐等级（Ⅰ级），游离甲醛达到 E0 级，获得了应用市场的认可。可用于制作重组木梁柱、重组木窗、户外重组木地板、重组木家具、重组木挂板、重组木护栏等新产品。

社会经济效益和市场前景

木质重组材料可使速生林木材增值率达到 10 倍以上，具有高强度、高尺寸稳定性、高耐候性、阻燃防火、耐生物侵蚀、保温及环保等性能，以及绿色、低碳、环保、可再生等特点，可用于制作高端家具、地板、木结构建筑等室内木质产品，也可以用于生产户外地板、栈道、园林景观材料等产品。该材料市场前景广阔，已经在装配式建筑、景观建筑等领域规模化应用，在山东、江苏、广西等多省区推广应用，建成示范生产线 2 条。

木质重组材料用于装配式建筑（左）、窗（中）和家具（右）

成果来源：“绿色环保木质材料生产技术集成与示范”课题

联系单位：中国林业科学研究院木材工业研究所

通信地址：北京市海淀区香山路东小府2号

邮　　编：100091

联 系 人：祝荣先，于文吉

电　　话：010-62888843，010-62889427

电子邮件：yuwenji@caf.ac.cn

更多信息参见 http://criwi.caf.ac.cn/cgtg.htm

户外重组木地板产品

技术目标

随着美丽中国和生态中国建设的推进，以及人们对美好生活的向往和追求，湿地公园、国家森林公园等城市景观在建设过程中越来越多的使用木质户外地板。针对目前户外实木、防腐木、木塑材料等材料难以满足需求等问题，以人工速生林木材为原料，创新了木质重组材料制造等多项技术，开发出具有优良物理力学性能、尺寸稳定性以及耐候性能的户外用重组木材料，并通过采用防霉、防腐、防滑等关键技术，开发了户外用重组木地板。

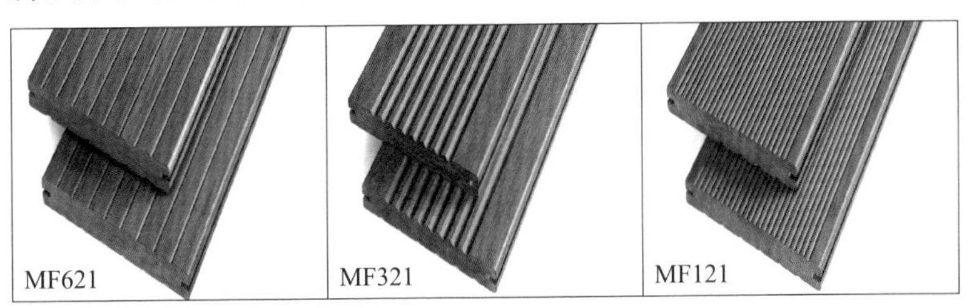

具有不同防滑性能的户外重组木地板

主要特征和技术指标

“户外重组木地板”具有良好的力学性能和耐候性能。杨木重组木户外地板的密度为1.01g/cm^3，含水率10.6%，吸水厚度膨胀率4.6%，吸水宽度膨胀率1.7%，静曲强度120.6MPa，弹性模量17GPa，顺纹抗压强度132MPa，水平剪切强度9.04MPa，防腐性能达到强耐腐等级，防白蚁性能达到抗白蚁级。表面为小沟槽、小波浪、大波浪槽型的户外重组木地板的防滑性能分别为52、43、56，防滑性能达到了《木塑地板》（GB/T 24508—2020）规定的抗滑值指标要求。从使用效果来看，户外重组木地板达到甚至优于优质硬阔叶材（如菠萝格）户外地板，提高了速生人工林木材的附加值，获得了广泛认可，具有良好的市场前景。鉴定认为该产品达到国际领先水平。

社会经济效益和市场前景

户外地板用重组木的开发，实现了速生林木材资源的高效、高质化利用，以规格为厚20mm、密度为1.05g/cm^{3}的户外重组木和重组竹地板为例，与户外用重组竹相比，户外用重组木地板平均密度降低了10%，综合成本降低13%；与优质硬阔叶材如菠萝格相比，其价格优势更加明显；与进口木材进行防腐后做户外材以及木塑地板相比，成本上价格虽然差距不大，但是重组木的后期维护成本非常低，且在使用过程中具有不开裂，稳定性好，使用周期长等优点。重组木户外地板具有明显的性价比优势，符合国家建立资源节约型社会和节能环保的需要，社会经济效益显著，应用推广前景广阔。

户外重组木地板的应用

成果来源：“绿色环保木质材料生产技术集成与示范”课题
联系单位：中国林业科学研究院木材工业研究所
通信地址：北京市海淀区香山路东小府2号
邮　　编：100091
联 系 人：祝荣先，于文吉
电　　话：010-62888843，010-62889427
电子邮件：yuwenji@caf.ac.cn
更多信息参见 http://criwi.caf.ac.cn/cgtg.htm

第五章 胶黏剂

双组分豆粕胶黏剂协同交联增强技术

技术目标

传统“三醛胶”因存在产品结构和性能单一、潜在甲醛释放、产品档次低等突出问题，已成为制约我国木材胶黏剂绿色升级的技术瓶颈。生物质胶黏剂具有原料价格低、可再生、生产工艺简单、安全环保等优点，利用生物质原料，开发高性能、环保低碳的新型绿色木材胶黏剂，已成为人造板产业重要热点。针对无醛豆粕胶黏剂反应活性低等问题，以豆粕粉为固体组分，水溶性大分子和多官能度无机物为液体组分，提高了豆粕胶黏剂的凝胶和固化性能，提升了豆粕胶中密度纤维板产品质量稳定性和优质产品率。

年产 5 000t 双组分豆粕胶黏剂生产示范线

主要特征和技术指标

双组分豆粕胶黏剂协同交联增强技术研发了豆粕胶黏剂双组分体系构建技术，创新提出以豆粕粉为固体组分，水溶性大分子和多官能度无机物为液体组分，解决了生物质胶黏剂反应活性弱、易霉变、储存期短等难题，提高了豆粕胶黏剂的凝胶和固化性能，纤维板的内结合强度比标准值提高 88.9%、吸水厚度膨胀率下降 65.8%。

社会经济效益和市场前景

利用该技术制备的中密度纤维板用双组分豆粕胶黏剂，具有原料丰富、价格适中、生产简单、环境友好等优势。在广西已建成年产 5 000t 双组分豆粕胶黏剂生产示范线，并采用连续平压生产线生产无醛纤维板，实现产值约 2 亿元。该技术克服了传统木材胶黏剂潜在甲醛释放危害，以及对石化原料依赖度高的问题，拓宽了生物质胶黏剂在人造板行业的应用。

成果来源：“木材工业节能降耗与生产安全控制技术”项目

联系单位：中国林业科学研究院林产化学工业研究所，广西丰林木业集团股份有限公司

通信地址：江苏省南京市玄武区锁金五村 16 号

邮　　编：210042

联 系 人：王春鹏

电　　话：13951605561

更多信息参见 http://www.icifp.cn/conn/list.aspx

耐沸水高强度植物蛋白胶黏剂制备与应用技术

技术目标

绿色植物蛋白胶黏剂的开发，对推动胶合板工业的发展具有积极的作用，围绕解决大豆蛋白耐沸水胶合性能不足的技术问题，耐沸水高强度植物蛋白胶黏剂制备与应用技术利用水性聚氨酯胶黏剂与水性环氧树脂交联剂复配，构建稳定型蛋白互穿交联体系；借鉴杂化协同增强效应，通过在互穿网络中引入填料协同增强；对水性乳液进行功能基元接枝并构建核壳结构，进而与高性能交联剂复配构建增强型双重稳定蛋白互穿网络等多种改性工艺，进一步提高胶黏剂耐沸水胶合性能，形成耐沸水高强度植物蛋白胶黏剂新产品，促进大豆蛋白胶黏剂的工业化推广。

主要特征和技术指标

该技术利用实验室自制水性聚氨酯与工业用三官能度环氧交联剂复配，对大豆蛋白体系进行互穿网络构建，从而高效提升大豆蛋白胶黏剂耐沸水性能。改性大豆蛋白胶黏剂的63℃耐水胶合强度达到1.30MPa，耐沸水胶合强度达到0.75MPa，达到耐沸水胶黏剂标准。通过引入双重功能分子构建核壳结构，赋予原有蛋白互穿交联网络功能特性，进而构建稳定型双重蛋白互穿网络，与纯蛋白胶黏剂相比，改性蛋白胶黏剂制备胶合板的63℃耐水胶合强度达到1.32

MPa，耐沸水胶合强度达到 1.20MPa，满足耐沸水胶黏剂性能指标。

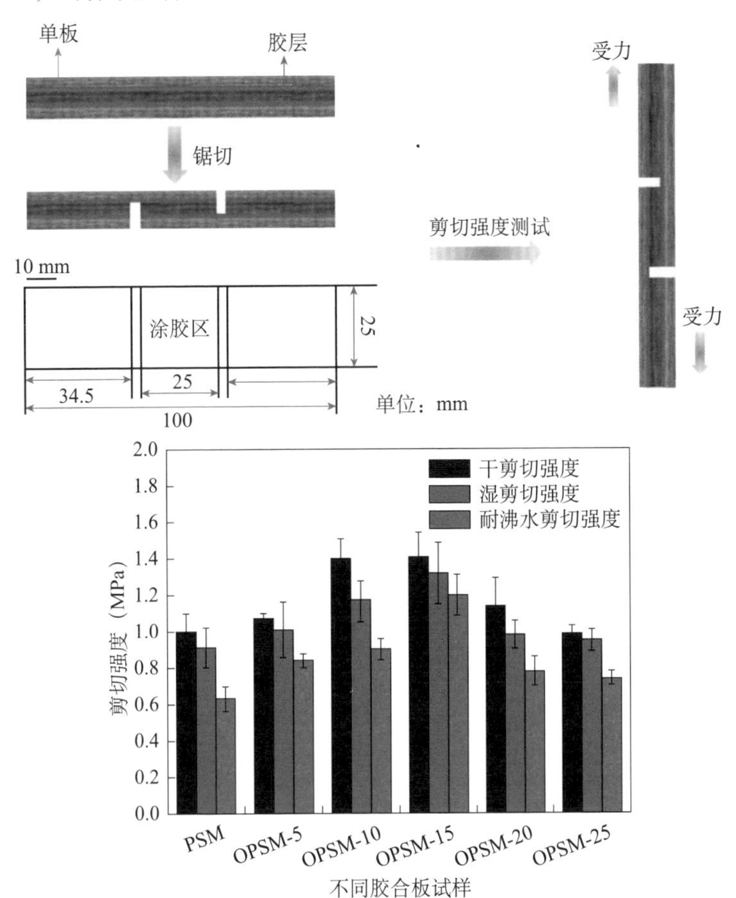

大豆蛋白胶黏剂在不同硅丙乳液加入量条件下的胶合强度

社会经济效益和市场前景

目前，该技术已申请专利“一种耐沸水植物蛋白基木材胶黏剂及其制备方法和应用”1 件。耐沸水植物蛋白胶黏剂成本 2 900 ～ 3 200 元 /t，远远低于市场销售的大豆蛋白胶黏剂产品的 4 000 ～ 4 500 元 /t，具有较大的利润空间。与市售其他人造板用胶黏剂相比，该技术产品制备的胶合板呈现出优异的耐沸水性能，具有较强市场竞争力。

成果来源：“绿色环保木质材料生产技术集成与示范”课题
联系单位：北京林业大学
通信地址：北京市海淀区清华东路35号
邮　　编：100083
联 系 人：李建章
电　　话：010-6233808
电子邮件：lijzh@bjfu.edu.cn
更多信息参见 http://kyc.bjfu.edu.cn/cgzh/index.html

低成本Ⅱ类人造板无醛植物蛋白胶黏剂制备与应用技术

技术目标

针对Ⅱ类人造板无醛植物蛋白胶黏剂成本较高等问题，低成本Ⅱ类人造板无醛植物蛋白胶黏剂制备与应用技术选取低成本菜粕、大豆分离蛋白残渣、海泡石、凹凸棒土等原料或废弃物，开发了4种植物蛋白胶黏剂用增强降黏剂。利用其水溶性差、黏度低的特性，通过构建自制水性交联剂与蛋白纤维、亚麻纤维、微纳级凹凸棒土等填料协效物理化学网络，实现植物蛋白胶黏剂的增强降黏和低成本。使用改性大豆蛋白胶黏剂制备的胶合板耐水胶合强度达到1.02MPa，满足国家标准要求。开发新产品两项，形成“低成本植物蛋白胶黏剂细木工板示范生产线”，促进大豆蛋白胶黏剂的工业化应用。

主要特征和技术指标

该技术选用低成本菜粕、大豆分离蛋白残渣作为植物蛋白胶黏剂用增强降黏剂，通过构建有机短纤维增强体系，利用其水溶解性差、黏度低的特性，有效实现植物蛋白胶黏剂的增强降黏。当植物蛋白胶黏剂中菜粕的添加量为15%时，耐水胶合强度提升至1.44MPa，提高48.1%，黏度降至14 550mPa·s，下降31.7%。利用无机填料互穿增强机理及其原料低水溶性、低黏度特性，对植物蛋白胶黏剂实现增强降黏。其中，凹凸棒土、海泡石能够提高植物蛋

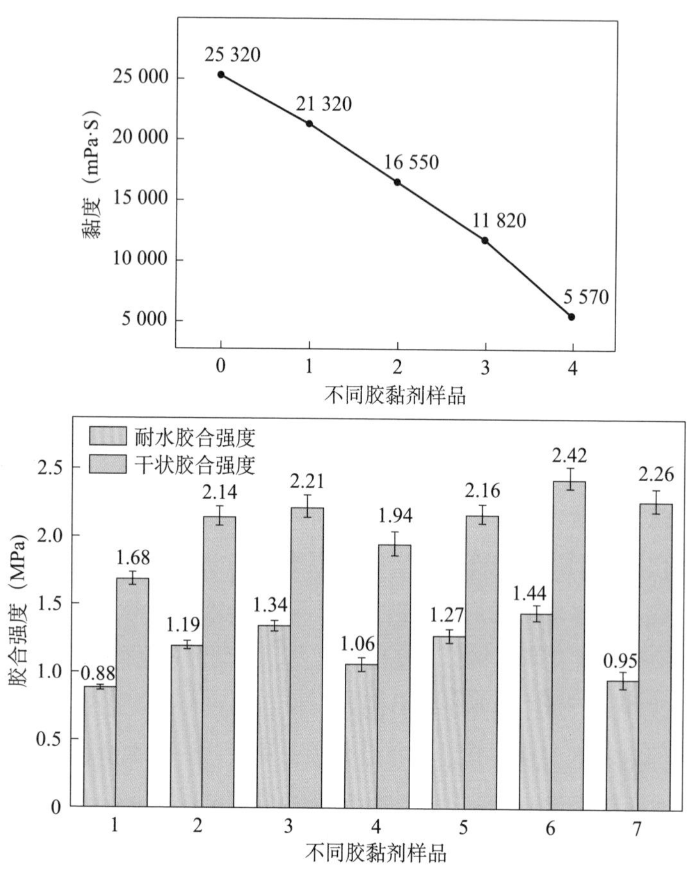

不同大豆分离蛋白残渣添加量改性大豆蛋白胶黏剂的黏度（上）与胶合板胶合强度（下）

白胶黏剂胶接强度，降低生产成本。通过水性环氧单体在植物蛋白胶黏剂中的开环反应，在植物蛋白胶黏剂中形成稳定的交联体系，达到交联增强的目的。当植物蛋白胶黏剂中水性环氧乳液的添加量为5%时，耐水胶合强度提升至1.14MPa，提高192.5%；黏度降至17 110mPa·s，下降32.4%。

社会经济效益和市场前景

按大豆分离蛋白残渣 1 280 元/t，菜粕 1 900 元/t，脱脂豆粕 4 000～4 500 元/t，PAE 交联剂（固体含量 12.5%）3 200～3 400 元/t，聚丙烯酰胺（PAM）8 000 元/t，水性环氧树脂乳液 5 000～6 000 元/t 计算，制备胶黏剂的成本为 1 800～2 600 元/t，与市售同类产品（大豆蛋白胶黏剂约 4 500 元/t）具有较大成本优势。相关植物蛋白胶黏剂生产与应用技术及相关产品，在浙江德华兔宝宝装饰新材股份有限公司进行中试，已建设示范生产线 1 条。

低成本Ⅱ类人造板无甲醛植物蛋白胶黏剂的制备与应用

成果来源：“绿色环保木质材料生产技术集成与示范”课题

联系单位：北京林业大学

通信地址：北京市海淀区清华东路 35 号

邮　　编：100083

联 系 人：李建章

电　　话：010-62338083

电子邮件：lijzh@bjfu.edu.cn

更多信息参见 http://kyc.bjfu.edu.cn/cgzh/index.html

生物基高活性植物蛋白胶黏剂交联剂制备与应用技术

技术目标

该成果针对现有木材胶黏剂原料主要源自石油、煤炭等不可再生资源，以及大豆蛋白胶黏剂胶合强度低、脆性大、耐水性差的问题，从交联改性方法入手，以生物基木糖醇与环氧氯丙烷为原料，合成木糖醇基环氧化物交联剂，通过环氧化木糖醇的柔性长链结构构建能量耗散机制，改善胶黏剂耐水胶接性能，实现了大豆蛋白胶黏剂的高效增强，所制胶合板满足Ⅱ类胶合板要求，可用于木地板、家具等人造板的粘接，对推动我国木材加工产业的结构优化与转型升级具有重大作用。成果总体技术水平和经济技术指标达到国际先进水平，研究成果已得到推广应用，形成新产品“木糖醇环氧氯丙烷交联剂”。

主要特征和技术指标

目前，多数技术生产大豆蛋白胶黏剂采用的交联剂的原料依赖化石资源，且具有一定毒性。该成果以木糖醇为主要原料，而木糖醇作为一种可以从桦木、玉米芯和甘蔗渣等植物原料中提取的天然甜味剂广泛应用于食品工程，被认为是安全健康的生物基材料。采用绿色合成的环氧氯丙烷与木糖醇进行环氧化反应，合成方法简

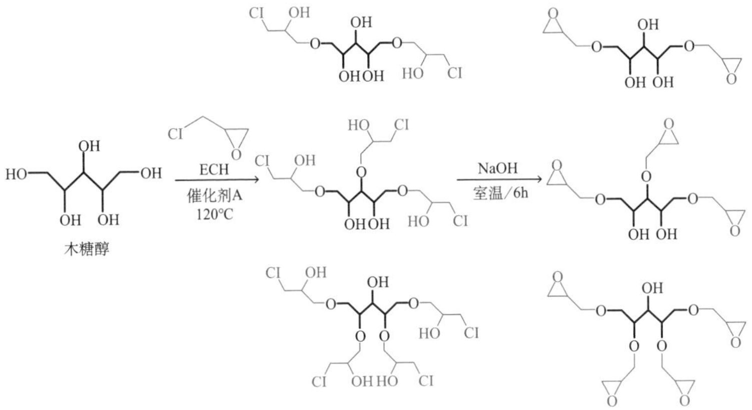

环氧化木糖醇交联剂的合成示意图

单、催化剂高效、工艺绿色可行、污染物产量少。通过上述关键技术所研制的高活性生物基交联剂，未检出游离甲醛，总挥发性有机物≤ 100g/L，且能有效提高蛋白胶黏剂耐水性胶接性能。该交联剂所制得的胶合板甲醛释放量≤ 0.03mg/m^3，单个试件胶合强度值≥ 0.80MPa。

社会经济效益和市场前景

本成果使得木糖醇环氧氯丙烷交联剂产品增值率达 25.7%，实现年生产 4 500 吨，年产值 1 665 万元，预计年营业收入 1 665 万元，实现净利润 153 万元，经济效益明显。且随着人造板行业对胶黏剂产品性能和环保性要求的提升，市场上对水性高活性交联剂改性胶黏剂的需求预计在未来 5 年内将以 25% ～ 30% 的速度递增。此外，在一些对产品有特殊性要求的领域，如高端家具制造、特种复合材料制造等领域，对水性高活性交联剂改性胶黏剂的需求将日益增大，该项目的产品表现出巨大的市场空间。

成果来源：“绿色环保木质材料生产技术集成与示范”课题
联系单位：北京林业大学
通信地址：北京市海淀区清华东路35号
邮　　编：100083
联 系 人：李建章
电　　话：010-62338083
电子邮件：lijzh@bjfu.edu.cn
更多信息参见 http://kyc.bjfu.edu.cn/cgzh/index.html

中密度纤维板热压尾气净化技术及装置

技术目标

排气净化装置中试现场

我国是世界人造板生产大国，年产量超3亿m^3，居世界第一。近年来，随着生产规模的扩大，人造板生产工艺和装备水平也不断提高，然而人造板生产线大气污染物排放的治理水平显著滞后，成为制约产业向绿色可持续化发展的一大瓶颈。中密度纤维板热压尾气净化技术及装置针对人造板生产过程排气的特点，采用湿式捕集原理，以单级工艺有效净化排气中的污染物组分，使排气达到国家排放标准，具有效率高、结构简化、成本可控的优点，对提高人造板工业的环境友好性，实现绿色化生产具有重要价值。

主要特征和技术指标

该技术采用移动填料层净化装置对人造板生产排气的多相组分进行净化，运动的填料小球增加了排气与喷淋液之间的接触面积和时间，提高了排气净化效率，同时避免了固定填料层装置的堵塞问题。将常规湍球塔中的末级运动填料层替代为固定填料层，提高对排气中挥发性成分的捕集，排气特征污染物甲醛的排放浓度可达到低于 5mg/m^3 水平，固定填料层还充当了附加除雾器的作用，抑制了排气时由下至上携带水气的能力，减少了顶部除雾器的工作负荷。模块化的净化装置单元和可根据生产工艺的变化而灵活调整系统的风量和风压，可改变部分处理机制，适用性强。

社会经济效益和市场前景

该成果已在大亚人造板集团示范应用，生产排气处理量 13 万 m^3/h，处理后排气 VOC 浓度满足国家排放标准要求，主要特征排放物甲醛的排放浓度可低于 5mg/m^3。目前已与江苏平陵机械有限公司、哥乐巴环保科技（上海）有限公司等企业签署技术推广协议，在人造板和木材加工行业推广该技术。

成果来源：“木材工业节能降耗与生产安全控制技术”项目
联系单位：南京林业大学
通信地址：江苏省南京市玄武区龙蟠路 159 号
邮　　编：210042
联 系 人：朱南峰
电　　话：13382033964
更多信息参见 https://kjc.njfu.edu.cn/c2816/index.html

中密度纤维板干燥尾气废水净化技术及装置

技术目标

我国是全球最大的木质材料生产国和消费国，其中人造板年产量已超3亿m^3。然而，粉尘、废气、废水等废污问题成为其发展的瓶颈。中密度纤维板干燥尾气废水净化技术及装置面向我国人造板企业的环保设备升级改造需求，攻克了干燥尾气系统含污废水的循环水和外排水处理技术，实现了含污废水的循环使用及达标排放，解决了人造板尾气系统的正常高效运行的问题，对促进木材工业高质量发展具有里程碑意义。

循环水处理中试装置现场运行

主要特征和技术指标

该技术创造性的通过污染物质的增量分析和水量平衡，将多种废水分别考虑，并结合用水和排放的需求，消除盐、氨氮等生物限制因素，通过建设在线系统和旁路处理系统，实现在线用水要求和排放要求，具有工艺流程短，处理费用低等优势，解决了人造板尾气处理产生含污废水循环使用和达标排放的难题，填补了该类废水处理的空白。含污废水循环用于尾气处理系统，外排水出水各指标均达到《污水综合排放标准》(GB 8978—1996)二级标准，主要指标达到一级标准。该技术解决了现有尾气系统运行过程中含污废水处理的难题，推进人造板工业技术升级，减少污染物排放，填补了该类废水处理的空白，达到了国内领先水平。

社会经济效益和市场前景

该成果已在江苏大亚建立示范工程，规模为1 000m^3/d，实现尾气系统稳定运行，含污废水达标排放，解决了企业的后顾之忧。预期在人造板行业的逐步推广使用，每年将产生1亿元以上的产值。

成果来源：“木材工业节能降耗与生产安全控制技术”项目

联系单位：南京林业大学

通信地址：江苏省南京市玄武区龙蟠路159号

邮　　编：210042

联 系 人：朱南峰

电　　话：13382033964

更多信息参见 https://kjc.njfu.edu.cn/c2816/index.html

木粉尘燃爆防控火花探测技术及装置

技术目标

在人造板等木质产品的加工与生产过程中，不可避免地会产生大量的废屑和木质粉尘。预防和控制粉尘爆炸最好的方法是能够及时、快速、准确地熄灭生产过程中产生的点火源，现在常用且最有效的预防控制手段是在生产管道上加装火花探测器及熄灭装置。木粉尘燃爆防控火花探测技术及装置性能卓越，远超美国标准，适用于中密度板、贴面板、细木工板、家具等木材加工企业，较好满足了各类木材加工企业安全生产的需要、对木材加工安全具有十分重要的意义。

火花探测头装置

主要特征和技术指标

火花探测装置根据木材燃烧时发出特征元素的光谱来检测木粉尘火星，探测距离为75cm，满足美国标准大于15cm要求。火花探测器半功角为115°，水平视场角为40°，反应时间为520μs，小于目前格雷康探测器的10ms左右。该装置在保证了较低误报率的同时还大大提高了敏感度。整个装置包覆在金属外壳中，避免了电磁信号的干扰，提高了装置的工作稳定性与环境适应力，经在企业实地安装测试运行，达到设计目标，满足生产使用需求。

社会经济效益和市场前景

该项目开发的木质粉尘燃爆防护检测装置，每套定价2万元，在同类产品中性价比较高。用户普遍反映使用效果很好，市场前景良好。该装置已经在大亚人造板集团有限公司的丹阳工厂中密度纤维板生产线使用1年，达到了粉尘燃爆的防控目的，减少了生产中粉尘燃爆的隐患。常州兴荣智能科技有限公司将该产品应用于企业的控制装置中。溧阳市远奥机械厂致力于制造木工除尘设备，该产品经测试，效果良好，能有效地减少木质粉尘燃爆的安全隐患，且性价比较高，溧阳市远奥机械厂已在生产除尘设备上安装该产品5套。

成果来源：“木材工业节能降耗与生产安全控制技术”项目

联系单位：南京林业大学
通信地址：江苏省南京市玄武区龙蟠路159号
邮　　编：210042
联 系 人：朱南峰
电　　话：13382033964
更多信息参见 https://kjc.njfu.edu.cn/c2816/index.html

第二篇
木制品生产技术

第七章 干 燥

樟木锯材汽蒸处理节能干燥及质量控制技术

技术目标

干燥作为木材加工的核心关键环节，能源消耗约占加工总能耗的 40% ～ 70%。香樟木作为制作家具、船舶、乐器及工艺美术品的上等木材，其附加值极高，但因其在干燥过程中易出现皱缩、开裂等缺陷是典型难干树种之一。目前国内大部分企业针对这种难干材树种仍采用常规干燥方法，存在着干燥周期长、能源消耗高、质量不稳定、尾气污染环境等制约木材加工行业可持续发展的瓶颈问题。因此，研发难干树种木材节能减排高效干燥技术，将为解决木质资源加工领域共性关键技术难题、推动行业科技进步、促进产业结构调整与转型升级提供重大技术支撑。

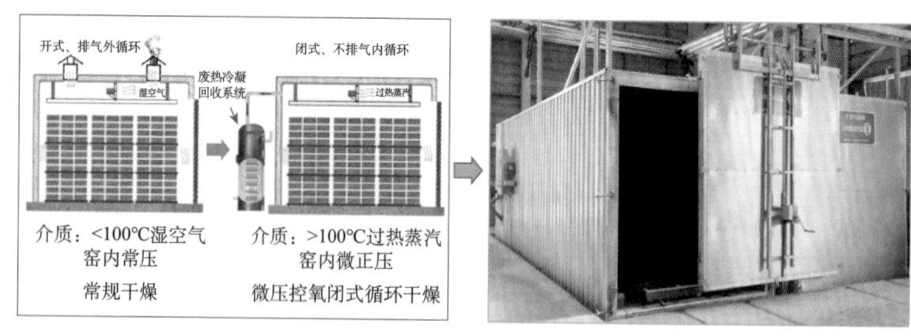

微压控氧闭式循环干燥原理及设备

主要特征和技术指标

樟木锯材汽蒸处理节能干燥及质量控制技术采用高湿共沸应力

释放与微压控氧闭式循环协同干燥技术，解决了干燥过程中应力释放、常规干燥开式循环能耗高、干燥质量不稳定等问题。木材干燥效率提高 70% ～ 77%，干燥能耗降低 32% ～ 52%，锯材干燥质量可达一级标准。研发了尾气绿色处理与余热回收技术，解决了高温干燥过程尾气余热浪费、环境友好性差的问题，尾气余热回收率 80%，干燥过程基本无废气排放。

社会经济效益和市场前景

该技术在湖南、广东、浙江、江苏等省的10余家企业推广应用。2018—2020 年，包括浙江升华云峰新材股份有限公司、宜华生活科技股份有限公司、湖南桃花江竹材科技股份有限公司等大型上市公司，以及行业龙头企业在内的主要应用企业，干燥热处理能耗降低 25% 以上，节约标准煤 3 800 余 t；锅炉烟气减排 24% 以上，实际减少 CO_2 等温室气体排放 670 余万 m^3；干燥窑尾气排放量减少 90% 以上，实际减排干燥尾气 3 300 余万 m^3；木材干燥效率提高 40% 以上，木制品附加值提高 30% 以上，新增销售额 3.5 亿元，新增利润 3 200 余万元；为企业培训工程技术人员 200 余人次，产生了重大的经济、社会和生态效益。

成果来源：“木材工业节能降耗与生产安全控制技术”项目

联系单位：中南林业科技大学，浙江升华云峰新材股份有限公司

通信地址：湖南省长沙市韶山南路 498 号

邮　　编：410004

联 系 人：郝晓峰

电　　话：18373175287

更多信息参见 https://kjc.csuft.edu.cn/kycg/cgjj/

松杉木锯材高温绿色节能干燥技术

技术目标

针对锯材干燥过程中能耗高，以及干燥窑排放气体中有害挥发性有机物（VOCs）等问题，确立了以最大干燥速度与质量相平衡的精准干燥为基础，联合清洁自然能源和新型可控吸附材料，实现松杉锯材精准、节能和绿色干燥的技术思路。结合高温干燥木材技术，在先进检测手段的基础上，通过优化过热蒸汽处理、梯度升温、高温高湿释放应力等干燥工艺；采用太阳能预干木材技术，联合过热蒸汽—高温干燥使得整个木材干燥周期大大缩短；同时将高温干燥过程产生的尾气，根据其组分的属性特征进行分级处理，使干燥尾气达到环保标准要求，实现绿色环保干燥。

太阳能预干燥技术以及过热蒸汽—高温干燥示范

主要特征和技术指标

松杉木锯材高温绿色节能干燥技术通过松杉锯材快速高效干燥

技术，采用过热蒸汽处理、梯度升温、高温高湿释放应力等联合手段进行木材干燥，通过太阳能预干，由相同初含水率降至35%时，较常规气干周期缩短50%，结合过热蒸汽—高温干燥技术，整个干燥周期缩短了60%以上。通过水为溶剂多级吸附，使尾气中的醛酮类和酸醇类水溶性有机挥发物得以去除；设计并制备了具有靶向吸附作用的MOFs或生物质基吸附材料，通过人工合成的具有筛选分子作用的水合硅铝酸盐吸收，使干燥尾气达到环保标准要求，实现绿色环保干燥。

社会经济效益和市场前景

该技术示范生产线年干燥能力为3 000m^3，实现了高温绿色节能干燥技术在木材干燥企业的工业化应用。与原有常规技术相比，干燥周期平均缩短约70%，干燥热能消耗平均减少约45%，干燥成本由原来的54.8元/m^{3}降至31.0元/m^3。我国每年实际人工干燥锯材约1 518万m^3，耗标煤185.8万t，运用该新技术，将减少煤炭消耗83.61万t，煤单价按400元/t计，直接经济效益3.34亿元/年。同时，可减排CO_2约219.1万t，SO_2约0.7万t，NO_x约0.6万t，对行业的技术升级具有重要的推动作用。

成果来源：“木材工业节能降耗与生产安全控制技术”项目

联系单位：内蒙古农业大学，中国林业科学研究院木材工业研究所，浙江升华云峰新材股份有限公司

通信地址：内蒙古自治区呼和浩特市赛罕区昭乌达路306号

邮　　编：010018

联 系 人：王哲，江京辉

电　　话：15849161460，15727308319

更多信息参见 https://kjc.imau.edu.cn/kycg.htm

小径材高效干燥及稳定性处理技术

技术目标

以桉树等人工林速生小径材为原料，开发了小径材含水率检测及调控、小径材高质量干燥与高效应力释放、小径材高稳定化处理、小径材多界面剖分与结合等技术。通过自主研发的小径材沿中线对称剖分—高焓微压处理—干燥—高温热处理—多界面成型及结合一体化处理技术，解决了产品制造过程中出材率低、干燥降等损失大、易变形开裂，以及产品尺寸稳定性差等问题，生产出小径材多界面实木拼接板。

主要特征和技术指标

小径材高效干燥及稳定性处理技术制得的小径材多界面实木拼接板的含水率为5.3%，纵向抗弯强度为92.1MPa，纵向弹性模量为12 780MPa，侧拼抗剪强度为7.1MPa，试件均无剥离，甲醛释放量为0.02mg/L。产品经国家人造板与木竹制品质量监督检验中心检测，达到了《实木拼接板》（LY/T 2488—2015）和《非结构用集成材》（LY/T 1787—2016）相关要求。

社会经济效益和市场前景

小径材多界面复合拼板技术已在多家企业进行中试应用推广，其中在联邦家私（山东）有限公司完成30m^3、简木（广东）定制家居有限公司完成300m^3、临颍县龙翔木业有限公司完成70m^3，取得

半剖材制备过程

多界面复合拼板产品

了较好的经济效益和社会效益。同时，该成果的辐射利用能将其产品用于替代进口材，降低我国木材对外依存度，缓解了木材供需矛盾。同时，为带动地方就业，促进绿色发展和实施乡村振兴战略打下基础。

成果来源：“木基材料与制品增值加工技术”项目
联系单位：北京林业大学
通信地址：北京市海淀区清华东路35号
邮　　编：100091
联 系 人：伊松林
电　　话：13910080891
电子邮件：ysonglin@bjfu.edu.cn
更多信息参见 http://kyc.bjfu.edu.cn/cgzh/index.html

人工林柚木和水曲柳高效干燥与弯曲成型技术

技术目标

我国木材消费总量从2007年的3.8亿m^3增长到2017年的6亿m^3，进口木材依存度由2007年的38%增长至2017年的58.5%。随着世界范围内天然优质林限伐，全球有86个国家与地区限制原木出口，我国木材安全形势十分严峻。因此，提高珍贵树种人工林种植面积成为我国林产品加工行业发展的重大战略选择之一。但是，珍贵树种人工林抚育周期长，中小径级的间伐材多，同时，间伐材存在径级小、生长应力大、材质较成熟材差等问题，如何提高此部分木材加工效率、利用率及其附加值，对保障我国木材安全具有重要意义。

主要特征和技术指标

人工林柚木和水曲柳高效干燥与弯曲成型技术针对水曲柳、柚木等珍贵树种人工林间伐材存在的生长应力大、干燥易开裂等问题，创新采用湿热协同生长应力快速释放、微压自排高温汽化水蒸气干燥、尾气液化余热回收循环利用技术，集成创新了汽蒸处理—节能干燥技术，与常规干燥相比，木材干燥效率提高40%～80%，干燥能耗降低12%～26%，尾气余热回收率85%，锯材干燥质量可达一级标准，力学性能提高8%～14%，实现了珍贵树种人工林间伐材高效改性干燥。针对家具实木构件弯曲过程中存在的软化效果差、

汽蒸协同干燥设备

尾气液化循环利用系统

干燥产品

自动控制系统

汽蒸处理—节能干燥设备

水热协同软化设备

单向异步实木压缩弯曲设备

弯曲成型产品

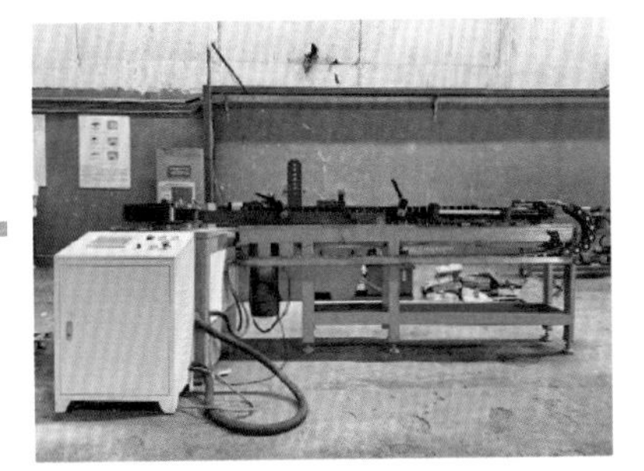

双向异步实木压缩弯曲设备

水热协同软化—实木弯曲设备

易变色等问题，创新采用浸渍预处理、分阶梯度控温、尾气液化余热回收技术，攻克了水热协同软化/塑化技术，软化后木材弯曲性能 h/r 可达 0.08，试件成品率 85%～92%，软化后试件不变色。针对中小径级间伐材密度低、软化易压缩等特点，采用双向异步载荷、匀速变载荷、微压自排高温汽化水蒸气干燥技术，创制双向异步实木压缩弯曲定型技术，与线裁工艺相比，材料利用率提高 45%～69%，干燥塑化定型效率提高 40%～80%，24h 吸水弦长回复率在 2% 以内。

社会经济效益和市场前景

该技术在广东、河北、浙江等省的 10 余家企业推广应用。2018—2020 年，包括廊坊华日家具有限公司、宜华生活科技股份有限公司等大型上市公司，以及行业龙头企业在内的主要应用企业，干燥热处理能耗降低 25% 以上，节约标准煤 3 800 余 t；锅炉烟气减排 24% 以上，实际减少 CO_2 等温室气体排放 670 余万 m^3；干燥窑尾气排放量减少 90% 以上，实际减排干燥尾气 3 300 余万 m^3；木材干燥效率提高 40% 以上，弯曲构件材料利用率提高 32%～55%，木制品附加值提高 30% 以上，产生了重大的经济、社会和生态效益。

成果来源：“珍贵树种家具增值加工技术集成与示范研究”课题
联系单位：中南林业科技大学
通信地址：湖南省长沙市韶山南路 498 号
邮　　编：410004
联 系 人：郝晓峰
电　　话：18373175287
更多信息参见 https://kjc.csuft.edu.cn/kycg/cgjj/

珍贵树种绿色增值加工技术

技术目标

随着人们对居室环境要求的提升，绿色环保型家居装饰装修材料成为人们的首选。目前，虽然装修材料的甲醛释放量基本稳定控制在E1标准范围内，但进一步提升环保性能与保持其质量稳定提升有着不少矛盾。针对木质家居装修导致的居室环境甲醛和总有机挥发物（TVOC）释放量超标的问题，该技术主要通过优化氨水和三聚氰胺改性脲醛树脂胶黏剂，解决了木地板常用胶黏剂甲醛释放量超标的问题；其次，利用云母粉改性水性漆制备工艺3，提高了水性漆理化性能，从而代替TVOC释放量较高的油性漆，从源头上降低了地板的甲醛和TVOC释放。该技术应用于国产低等级珍贵树种木材，大大提升了珍贵树种实木复合地板的附加值和绿色环保性能。

主要特征和技术指标

通过胶黏剂改性增强技术，提升胶黏剂的胶合强度，降低游离甲醛，为实现产品甲醛释放量的降低和绿色化生产提供了保障。利用云母粉改性水性漆，提升了漆膜的耐磨性能，降低了地板的VOC释放量，从而提升了产品的TVOC的释放，实现产品的绿色化。利用国产低等级珍贵树种，提升原材料的利用率和价值，实现了珍贵树种产品的绿色增值，制得产品的甲醛释放量0.02mg/m^3，含水量9.1%，静曲强度48.9MPa，弹性模量5 280MPa，总有机挥发物

（TVOC）释放量 0.14mg/（m^2·h）。

社会经济效益和市场前景

产品自 2019 年开始试生产，主要销往美国。截至 2021 年 4 月，该产品已累计发出货柜 250 多条共计 50.32 万 m^2，实现销售额 1.34 亿元，平均毛利率约 45.08%，实现净利润 2 115 万元，新增税收 672 万元，生产线已提供就业岗位 30 个。

随着工艺标准化与产业化的持续推进，该品类产品产能将持续提升，市场也将持续拓展。预计在未来两年内，该产品的年销量将保持在 35 万 m^2 左右，按照 267 元 /m^2 的均价计算，每年将新增销售额 9 345 万元，新增利润 1 402 万元，新增税金 467 万元。

成果来源：“珍贵树种地板增值加工技术集成与示范”课题

联系单位：浙江裕华木业有限公司
通信地址：浙江省嘉善县魏塘工业园区恒星北路 38 号
邮　　编：314100
联 系 人：徐耀飞
电　　话：15157454425

更多信息参见 http://www.qianyan.biz/qy-10736589.html

国产珍贵树种木门增值加工与集成技术

技术目标

珍贵树种木材因其优异的木材学和美学特性而受到人们的青睐，研究国产人工林珍贵材的增值加工利用成为解决我国木材战略安全的紧迫任务。人工林珍贵木材制备薄木，是将木材化整为零的利用方式，可以提高综合利用率，有效缓解我国珍贵材资源紧张的状况。将刨切薄木通过胶合压贴的方式对普通基材进行饰面，可获得与珍贵材原木一致的外观效果，从而提升普通木材制得木制品、家具等的附加值。刨切薄木在室内木质门的增值应用，可以有效促进“培育—加工—应用”全产业链发展，解决人工林珍贵材的增值加工应用问题。

主要特征和技术指标

针对楸木、柚木、红锥、水曲柳、栎木、西南桦、红松等人工林珍贵材，研发了人工林珍贵材薄木直接刨切技术和集成薄木刨切技术，形成原木低温水煮、薄木低温存储运输、一次成型、分布覆贴模压浮雕等技术。开发了两次热激活改性胶黏剂和改性聚氨酯丙烯酸树脂为主剂的水性面漆，制备了人工林珍贵材饰面水性油漆木门，产品经国家建筑工程质量监督检验中心检测，外观质量、漆膜附着力、启闭力、抗垂直载荷性能、抗静扭曲性能及耐软重物撞击性能均符合 GB/T 29498—2013《木门窗》要求；采用一次成型、分步覆贴模压浮雕技术，通过一次成型得到珍贵材饰面的模压浮雕门板，制备了人工林珍贵材饰面模压浮雕门，制备的浮雕凹凸落差最大可达 11mm，增加了浮雕图案多样性选择，其关键技术指标：表面胶合强度≥ 0.4MPa；采用绿色环保反应型磷氮系阻燃剂和新型轻质门芯材料，制备了国产人工林珍贵材饰面木质防火门，门扇质量相比于目前市面上的防火门门扇质量降低约 15% 以上，耐火时间 80min 以上，达到 GB 12955—2008《防火门》A1.00（乙级）要求；将饰面薄木与隔声板间填充厚度为 8mm 的吸声材料，并利用改性 MDI 胶制备的人工林珍贵材薄木阻尼材料。制备了人工林珍贵材饰面木质隔声门，其计权隔声量达到了 32dB，与普通木质门的计权隔声量相比，提高了 16dB。技术集成防火门、模压浮雕门、水性漆饰面木质复合门和静音门等功能性加工技术，形成了国产珍贵树种木材加工利用新模式，产品增值 40% ～ 70%。

社会经济效益和市场前景

该成果在广东顺德、浙江德清、重庆开州和吉林长春建成示范生产线 4 条，门扇年产能达到 33 000 樘，已产生直接经济效益 4 497 万元。人工林珍贵材装饰薄木饰面的木质防火门、模压浮雕门、水性漆饰面复合门和静音门具有优良的市场接受度和推广价值。

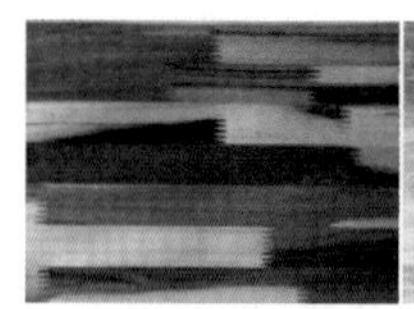

人工林珍贵材指接柚木薄木（厚度0.5mm）

人工林珍贵材指接西南桦薄木（厚度0.5mm）

楸木薄木（厚度0.25mm）

红锥薄木（厚度0.25mm）

四种人工林珍贵材薄木

人工林珍贵材柚木指接薄木饰面模压浮雕门

人工林珍贵材柚木指接薄木饰面水性漆涂饰复合门

人工林珍贵材栎木薄木饰面水性漆涂饰复合门

人工林珍贵材楸木薄木饰面模压浮雕门

部分人工林珍贵材薄木饰面功能性复合门

成果来源：“珍贵树种木门增值加工技术集成与示范研究”课题

联系单位：中国林业科学研究院木材工业研究所，德华兔宝宝装饰新材股份有限公司，重庆星星套装门（集团）有限责任公司，广东盈然木业有限公司，吉林兄弟木业有限公司

通信地址：北京市海淀区香山路东小府2号

邮　　编：100091

联 系 人：陈志林

电　　话：13671059598

更多信息参见 http://criwi.caf.ac.cn/cgtg.htm

木门门套装饰板异形拼接与饰面技术

技术目标

为了解决我国木门门套异形拼接及饰面机械化程度低、专用设备欠缺、生产效率低、人工投入量大、耐水性差、产品质量难以保证，且存在游离甲醛释放等问题，木门门套装饰板异形拼接与饰面技术根据木门门套装饰板产成品的形状进行板坯部件配置，使拼接后的截面形状尽量接近产成品形状，且留有足够加工余量，而后进行铣形、修边等加工，显著提高木材利用率，减少切削加工木材损耗和刀具磨损，降低切削加工能耗。采用门套异形拼接加工工艺中的主板自动化上料、自动喂料、胶黏剂选型、坯料预热、施胶、拼接、制冷冷却与铣型等系列技术，实现木门门套装饰板异形拼接自动化加工，可显著提高生产效率；采用等离子体改性塑膜增强柔性装饰薄木进行木门门套饰面，可省去涂胶工艺，覆面工艺简单，改善了产品质量，提高生产效率，避免游离甲醛释放，对提高珍贵木材利用率、增加产品附加值、实现木制品表面的环保高效饰面具有重要意义。

木门门套装饰板异形拼接生产线设备

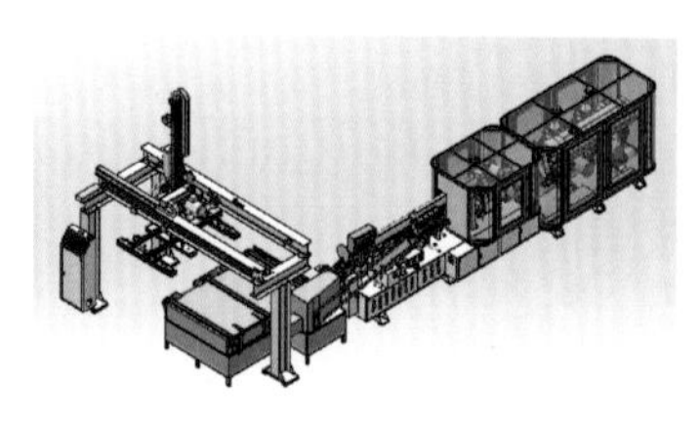

木门门套装饰板异形拼接生产线结构

主要特征和技术指标

该项技术异形拼接与铣型进料速度约为 6m/min，即 25s 可完成一根木门门套异形装饰板的拼接与铣形，生产效率大大提高。采用机械化异形拼接的车间占用面积约为 $10m^2$。机械化异形拼接相对于手工节省人工成本 77%。塑膜衬底柔性装饰微薄木浸渍剥离强度达到国标 I 类试验要求，饰面胶合强度达 1.62 MPa，无透胶现象，无游离甲醛释放。主要技术指标为：基材厚度 12 ～ 40mm；基材宽度 50 ～ 100mm；基材长度 2 400mm；边材宽度 18 ～ 55mm；边材厚度 3 ～ 5mm；最小板距（送料两板端部之间距离）400mm；加工速度（可调）20 ～ 24m/min。

社会经济效益和市场前景

该项成果已获授权发明专利 1 件，实用新型专利 2 件，申请发明专利 2 件。目前已在浙江梦天木门集团有限公司完成了木门门套装饰板异形拼接生产示范线建设，运行效果良好。等离子体改性塑膜增强柔性装饰薄木用于木制品表面饰面，已先后在江苏兄弟智能家居有限公司和天津思佳木业有限公司进行应用，效果良好。

成果来源：“木材工业节能降耗与生产安全控制技术”项目

联系单位：中国林业科学研究院木材工业研究所，南通跃通数控设备股份有限公司

通信地址：北京市海淀区东小府 2 号

邮　　编：100091

联 系 人：张占宽

电　　话：18610213186

更多信息参见 http://criwi.caf.ac.cn/cgtg.htm

室内实木复合隔声门制造技术

技术目标

国产人工林柚木树龄目前在 20 ～ 30 年，原木心边材区分明显，颜色变化较大，边材占比多，腐心、死节等缺陷较多，且加工过程中存在出材率较低、小径材加工成本高等问题，需解决国产人工林柚木增值加工利用的技术问题，提升产品附加值，扩大国产人工林柚木制品的市场推广。室内实木复合隔声门制造技术采用具有吸声隔声的多孔材料、阻尼材料经科学设计制作门芯，珍贵木材薄木饰面制作门板等技术的集成制造出的新型饰面吸音隔声功能门。

主要特征和技术指标

本成果采用木质阻尼隔声材料制备关键技术，分析工艺参数对力学性能和隔声性能的影响，确定出优化工艺参数为：涂胶量 64g/m^2，热压压力 3MPa，热压时间 10min；通过木质阻尼复合材料参数及结构优化，分析材料参数及结构对其隔声性能的影响规律，确定中密度纤维板（MDF）厚度 2.5mm，阻尼橡胶（R）厚度 2mm，R 密度 2.3g/cm^3；创新了木质阻尼复合材料声屏障结构设计，利用隔声—吸声—隔声声屏障结构设计原理，通过优化多孔材料的种类、厚度、多孔材料填充方式，利用一面与上表板相粘接、另一面利用空气层与下表板隔开填充 10mm 的三聚氰胺吸声棉及 5mm 空气层的方式优化了隔声性能。

社会经济效益和市场前景

目前吉林兄弟木业有限公司已形成1条年产3 000套珍贵材室内木质静音门示范生产线，后期推广后计划建立10万套的生产线，每樘门可增值30%，约增值450元，企业可实现年增值4 500万元，产品已在长春市兄弟谊康养老中心、长春市佳信商贸有限公司等机构大规模推广应用，客户反馈产品使用效果良好。

国产珍贵材木门

成果来源：“珍贵树种木门增值加工技术集成与示范研究”课题

联系单位：吉林兄弟木业有限公司，中国林业科学研究院木材工业研究所

通信地址：吉林省长春市双阳区双营经济开发区育民路158号

联 系 人：杨树明

电　　话：1821016315

更多信息参见 http://www.brotherswood.com/

珍贵树种小径木集成复合家具构件制造技术

技术目标

我国林业资源相对匮乏，森林覆盖率和人均森林面积均低于世界平均水平。木材资源主要以人工林为主，人工林速生优势树种单一发展，珍贵阔叶树种资源短缺，供需矛盾日益突出。同时，中小径材森林密度过密，容易引起灾难性的森林野火、传播昆虫疾病等问题，不利于形成森林的健康生长结构。为此，针对中小径材利用率低、木材资源浪费、产品附加值低等问题，提出以珍贵树种中小径材为原料，通过结构优化、异型集成加工、曲直型层积复合、局部增强和快速胶合等技术，旨在为异型拼接集成材加工技术提供理论参考。

主要特征和技术指标

以珍贵树种水曲柳、柚木小径木为原料，将带尖削度的、自然宽的毛边实木板材经铣砂一体处理，制成梯形截面的型材，并采用上下倒置交叉组坯方式，胶压成大幅面家具构件；采用超薄锯片锯切技术制备薄板，通过快速热压层积复合技术，并用纤维增强材料对家具构件进行局部增强，制备曲直型家具构件；以珍贵树种柚木小径木为原料，对珍贵树种小径木集成复合家具构件的结构进行力学分析和优化设计，建立了标准接口模型，实现对其接口强度预测与结构优化。优化了餐椅零件尺寸。厚度尺寸规格减少了 8 种、宽度尺寸规格减少了 13 种，优化后餐椅的生产效率和材料利用率都明显提高。

社会经济效益和市场前景

利用该成果生产出的高附加值珍贵树种实木家具，在廊坊华日、宜华生活、升华云峰等企业得到批量化的生产与应用。以珍贵树种柚木小径材为例，利用小径木要比大径级柚木规格锯材原料成本降低约 29.9%。材料利用率由 14.5%，提高至 30% 左右。通过力学结构分析和优化设计，解决了家具构件榫接口形式和规格尺寸不统一问题，简化了接口类型，建立了标准接口模型，实现对其接口强度预测与结构优化。该成果选用珍贵树种小径材为原料，通过集成复合制备家具构件，可以缓解珍贵树种天然林资源的紧张，有效拉长珍贵树种小径材的产业链，提高附加值，开拓家具用材的新渠道，对林农收入水平提高起到积极促进作用。

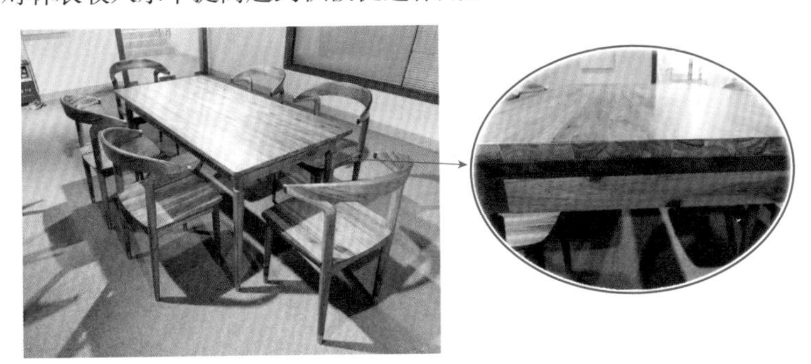

珍贵树种小径柚木制作的餐桌椅

成果来源：“珍贵树种木材家具制造技术集成与示范”课题

联系单位：南京林业大学，廊坊华日家具股份有限公司，宜华生活科技股份有限公司，中南林业科技大学，北京林业大学

通信地址：江苏省南京市玄武区龙蟠路159号

邮　　编：210037

联 系 人：李荣荣

电　　话：18260092786

更多信息参见 https://kjc.njfu.edu.cn/c2816/index.htm

珍贵树种实木地热地板增值加工技术

技术目标

针对实木地热地板易开裂、扭曲变形的行业共性技术难题，以栎木、桦木和柚木3种珍贵木材为原材料，重点开展了实木地热地板低温热处理技术、防开裂柔性油漆配方与涂装工艺技术的研究。通过采用低温热处理对实木地板坯料进行处理，在改善其耐湿热尺寸稳定性基础上，创新采用柔性涂装对地板表面进行涂饰。珍贵树种实木地热地板增值加工技术原理：一是确定合理的低温热处理工艺，在木材强度及材色基本不变的条件下，改善木材的尺寸稳定性；二是开发柔性UV油漆，以其作为核心涂层、其他功能型油漆作为辅助涂层，以满足地热环境下漆膜伸缩的韧性要求，解决漆膜易开裂、脱皮剥落的关键问题。

主要特征和技术指标

该技术优化实木地热地板的低温热处理工艺，低温热处理技术显著提高了木材尺寸稳定性，提升了实木地热地板产品抵抗环境温湿度大幅变化的能力，有助于解决实木地板开裂、变形问题。采用防开裂柔性UV油漆，柔性UV油漆涂层结构与性能关系、柔性涂装工艺等，解决实木地热地板翘曲变形及漆膜易开裂、剥落等问题。该技术开发的防开裂柔性面珍贵树种实木地热地板产品性能：9.0% ≤含水率≤ 11.0%；漆膜表面耐磨≤ 0.08g/100r；漆膜附着力1

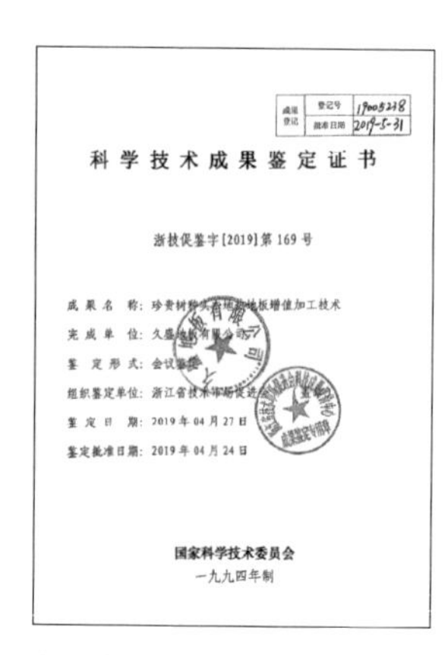

成果登记	登记号	19005278
	批准日期	2019-5-31

科学技术成果鉴定证书

浙技促鉴字[2019]第169号

成果名称：珍贵树种[illegible]地板增值加工技术

完成单位：久盛地板有限公司

鉴定形式：会议鉴定

组织鉴定单位：浙江省技术市场促进会

鉴定日期：2019年04月27日

鉴定批准日期：2019年04月24日

国家科学技术委员会

一九九四年制

成果登记	登记号	19005281
	批准日期	2019-7-31

科学技术成果鉴定证书

浙技促鉴字[2019]第222号

成果名称：防开裂[illegible]实木地热地板

完成单位：久盛地板有限公司

鉴定形式：会议鉴定

组织鉴定单位：浙江省技术市场促进会

鉴定日期：2019年06月23日

鉴定批准日期：2019年06月20日

国家科学技术委员会

一九九四年制

发明专利证书

局长 申长雨

实用新型专利证书

专利号：ZL 2018 2 2153866.2

专利申请日：2018年12月21日

专利权人：久盛地板有限公司

授权公告号：CN 209397870 U

局长 申长雨

第1页（共2页）

Bundesrepublik Deutschland

Urkunde

über die Eintragung des
Gebrauchsmusters Nr. 20 2017 007 093

Bezeichnung:
Umweltfreundliche und feuchtigkeitsbeständige Verlegstruktur für einen Massivholz-Fußboden mit Bodenheizung

IPC:
E04F 15/18

Inhaber/Inhaberin:
JIUSHENG WOOD CO., LTD, Huzhou, Zhejiang, CN

Tag der Anmeldung:
20.10.2017

Abzweigung aus:
PCT/CN2017/107048

Tag der Eintragung:
01.07.2019

Priorität:
14.09.2017 CN 201721173632.3

Die Präsidentin des Deutschen Patent- und Markenamts

Cornelia Rudloff-Schäffer

München, 01.07.2019

实用新型专利证书

专利号：ZL 2018 2 2153337.2

专利申请日：2018年12月21日

专利权人：久盛地板有限公司

授权公告日：2019年09月17日

授权公告号：CN 209397860 U

局长 申长雨

相关科技成果鉴定证书与专利证书

级；漆膜硬度≥H；模拟地采暖环境（温度40℃，相对湿度30%）中使用3个月不开裂。

社会经济效益和市场前景

该成果有助于珍贵用材树种的高效利用，有利于实木地板产品生产加工方式的多元化发展、促进实木地板产业的转型升级，可显著提高珍贵树种实木地热地板产品质量、使用寿命与附加值，为实木地热地板的推广提供了有力的保证。自2020年新产品上市以来，累计销售珍贵树种栎木实木地热地板等合计9.54万m^2，新增销售收入2 217万元。根据产品试生产及销售情况，该产品达产后每年能生产约100万m^2，拥有良好的市场潜力及市场前景，每年将新增销售收入1.36亿元，新增利润3 448万元，新增税金1 814万元。

成果来源：“珍贵树种地板增值加工技术集成与示范”课题

联系单位：久盛地板有限公司

通信地址：浙江省湖州市南浔镇浔练公路3998号

联 系 人：王艳伟

电　　话：15268279577

更多信息参见 http://www.jiushengboard.com/index.php/about/profile.html

防开裂柔性面实木地热地板加工技术

技术目标

实木地热地板主要质量问题是由木材干缩湿胀引起的变形、翘曲和开裂等。木材热处理可以有效改良木材吸湿性大、尺寸稳定性差和耐久性不佳等固有缺陷，从而制成性能优良、颜色美观且环境友好的木制产品。但是，热处理温度高于 200℃时，木材力学强度损失严重。该技术合理调整热处理工艺参数，提升热处理材尺寸稳定性，避免其力学性能下降过大。同时，为了改善地热地板使用过程中的漆膜开裂、脱皮等问题，项目研发了一种柔韧性好的柔性 UV 油漆，将其作为柔性涂装体系的核心涂层，结合耐磨漆加硬漆等基本涂层，开发了一套防开裂柔性面实木地热地板产品的生产工艺，产品使用过程中未发现地板扒缝起拱，漆膜开裂等问题。

防开裂柔性面实木地热板

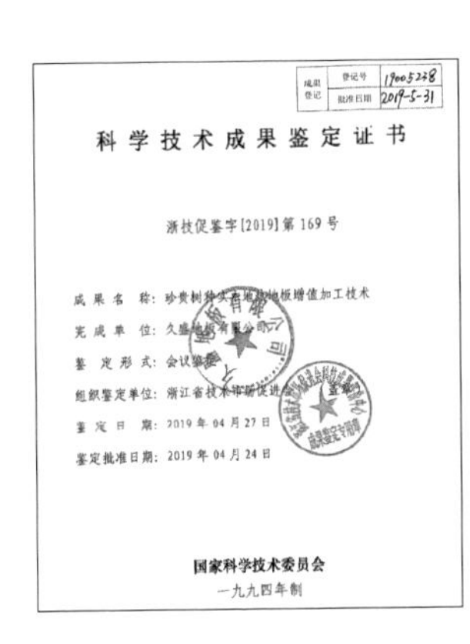

成果登记　登记号 19005238　批准日期 2019-5-31

科学技术成果鉴定证书

浙技促鉴字[2019]第169号

成果名称：珍贵树种实木地板增值加工技术

完成单位：久盛地板有限公司

鉴定形式：会议鉴定

组织鉴定单位：浙江省技术市场促进会

鉴定日期：2019年04月27日

鉴定批准日期：2019年04月24日

国家科学技术委员会

一九九四年制

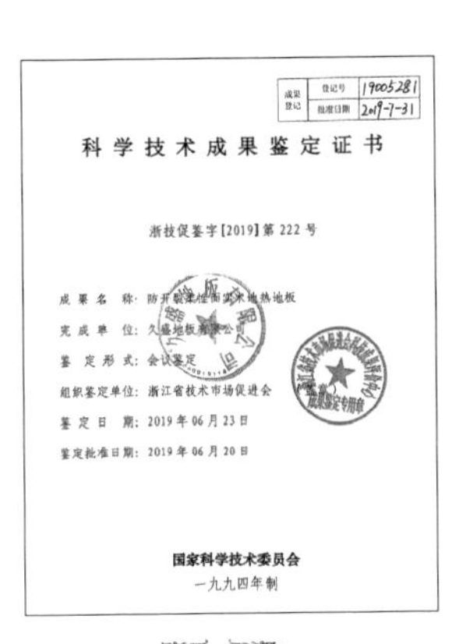

成果登记　登记号 19005281　批准日期 2019-7-31

科学技术成果鉴定证书

浙技促鉴字[2019]第222号

成果名称：防开裂耐候性实木地热地板

完成单位：久盛地板有限公司

鉴定形式：会议鉴定

组织鉴定单位：浙江省技术市场促进会

鉴定日期：2019年06月23日

鉴定批准日期：2019年06月20日

国家科学技术委员会

一九九四年制

发明专利证书

专利权人：久盛地板有限公司

局长

申长雨

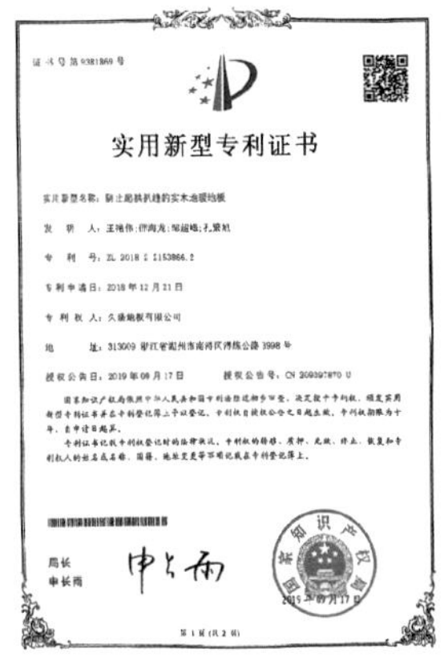

证书号第9381869号

实用新型专利证书

地　　址：313009 浙江省湖州市南浔区浔练公路3998号

授权公告日：2019年09月17日

国家知识产权局依照中华人民共和国专利法经过初步审查，决定授予专利权，颁发实用新型专利证书并在专利登记簿上予以登记。专利权自授权公告之日起生效。专利权期限为十年，自申请日起算。

专利证书记载专利权登记时的法律状况。专利权的转移、质押、无效、终止、恢复和专利权人的姓名或名称、国籍、地址变更等事项记载在专利登记簿上。

局长

申长雨

第1页（共2页）

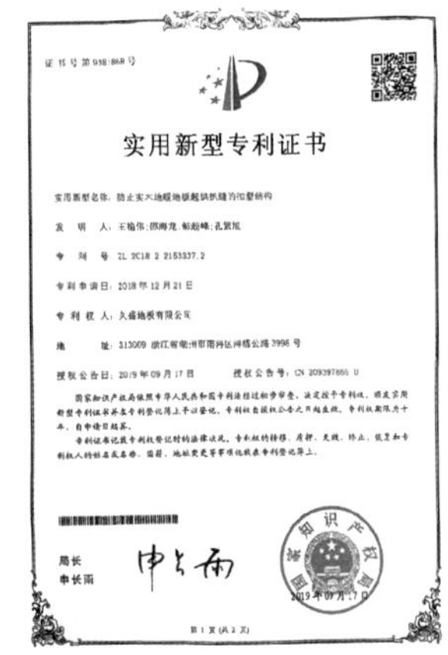

实用新型专利证书

专利申请日：2018年12月21日

专利权人：久盛地板有限公司

地　　址：313009 浙江省湖州市南浔区浔练公路3998号

授权公告日：2019年09月17日

国家知识产权局依照中华人民共和国专利法经过初步审查，决定授予专利权，颁发实用新型专利证书并在专利登记簿上予以登记。专利权自授权公告之日起生效。专利权期限为十年，自申请日起算。

专利证书记载专利权登记时的法律状况。专利权的转移、质押、无效、终止、恢复和专利权人的姓名或名称、国籍、地址变更等事项记载在专利登记簿上。

局长

申长雨

第1页（共2页）

Bundesrepublik Deutschland

Urkunde

über die Eintragung des
Gebrauchsmusters Nr. 20 2017 007 093

Bezeichnung:
Umweltfreundliche und feuchtigkeitsbeständige Verlegstruktur für einen Massivholz-Fußboden mit Bodenheizung

IPC:
E04F 15/18

Inhaber/Inhaberin:
JIUSHENG WOOD CO., LTD, Huzhou, Zhejiang, CN

Tag der Anmeldung:
20.10.2017

Abzweigung aus:
PCT/CN2017/107048

Tag der Eintragung:
01.07.2019

Priorität:
14.09.2017 CN 201721173632.3

Die Präsidentin des Deutschen Patent- und Markenamts

Cornelia Rudloff-Schäffer

München, 01.07.2019

相关科技成果鉴定证书与专利证书

主要特征和技术指标

防开裂柔性面实木地热地板加工技术优化实木地热地板的低温热处理工艺，开发了低温热处理改性木材技术，提高了木材尺寸稳定性，提升了实木地热地板产品抵抗环境温湿度大幅变化的能力。开发出防开裂柔性 UV 油漆，以其作为表面涂饰的核心涂层，其他功能性油漆作为辅助，并通过优化低温热处理工艺、柔性 UV 油漆涂层结构与性能关系、柔性涂装工艺等研究工作，解决实木地热地板翘曲变形及漆膜易开裂、剥落等问题。

社会经济效益和市场前景

项目针对实木地热地板易开裂、扭曲变形的行业共性技术难题，以栎木、桦木和柚木 3 种珍贵木材为原材料，开展了实木地热地板低温热处理技术、防开裂柔性油漆配方与涂装工艺技术的研究，开发了珍贵树种实木地热地板，建立了 1 条年产 100 万 m^2 的珍贵树种实木地板增值加工示范生产线，适用于实木地热地板产品的生产工艺。

成果来源：“珍贵树种地板增值加工技术集成与示范研究”课题
联系单位：久盛地板有限公司
通信地址：浙江省湖州市南浔镇浔练公路 3998 号
联 系 人：王艳伟
电　　话：15268279577
更多信息参见 http://www.jiushengboard.com/index.php/about/profile.html

人工林柚木实木复合地板加工技术

技术目标

人工林柚木实木复合地板加工技术利用氨水和三聚氰胺对脲醛树脂进行改性，通过增加固化交联性能减少醚键产生，降低了树脂中的游离甲醛含量，获得了低醛环保脲醛树脂胶黏剂。在此基础上添加去酰基氨基壳聚糖和2-咪唑烷酮的等比混合物，进一步降低了胶黏剂中游离甲醛的含量。结合国产人工林柚木、栎树等珍贵树种薄木特性，开发了两次热激活改性胶黏剂技术，增强了珍贵树种薄木韧性，解决了人工林珍贵树种薄木易变形、脆性大等问题，并开发了绿色环保型实木复合地板。

主要特征和技术指标

本成果利用氨水改性，三聚氰胺交联增加固化交联性能，获得低醛环保脲醛树脂胶黏剂，在此基础上添加去酰基氨基壳聚糖和2-咪唑烷酮的等比混合物，进一步降低胶黏剂中游离甲醛的含量。多层实木复合地板热压工艺中，优化工艺参数：涂布量200g/m^2，热压温度105℃，热压时间10min，排气时间0.5min。进一步降低地板坯料中的甲醛含量，最终地板甲醛释放量降低20%～40%，胶合性能提升10%～20%，为无醛级地板的生产打下基础。后期对地板坯料进行表面涂饰处理，改良水性漆，提高水性漆理化性能，降低成品地板TVOC含量，弥补行业内地板水性漆研究的短板，从源头上降低地板的甲醛及 TVOC 含量。在保证地板力学性能的基础上，通过分别对胶黏剂、坯料热压以及后期涂饰进行分析研究，探索出优化的环保解决方案，确保地板产品的绿色环保。生产的产品甲醛释放量≤ 0.124mg/m^3；静曲强度≥ 30MPa；漆膜附着力：割痕及割痕交叉处允许有少量断续剥落；漆膜表面耐磨≤ 0.05g/100r。

社会经济效益和市场前景

该技术制造的产品为绿色环保型实木复合地板，尤为适合一些室内环境环保要求严格的空间，产品甲醛释放量 0.02mg/m^3，达到了中国林产工业协会团体标准《无醛人造板及其制品》（T/CNFPIA 3002—2018）中无醛人造板甲酫释放量不高于 0.03mg/m^3 的要求，同时 TVOC 检测结果满足美国 CA01350 和 HJ 571 的标准，符合中国环境标志认证产品标准，技术水平达到国内领先，国际先进水平。

实木复合地板

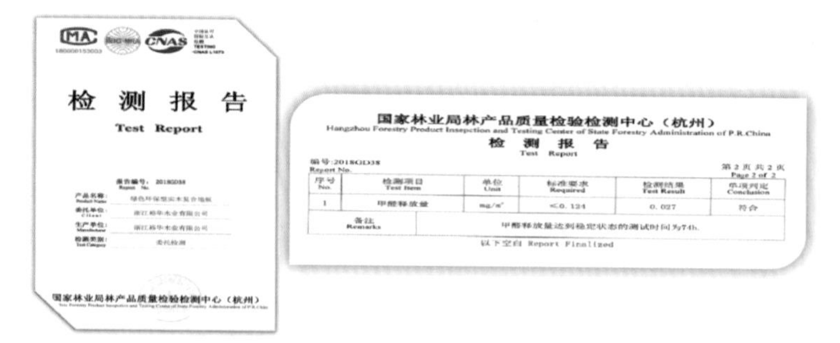

检 测 报 告

Test Report

国家林业局林产品质量检验检测中心（杭州）

国家林业局林产品质量检验检测中心（杭州）

Hangzhou Forestry Product Insepction and Testing Center of State Forestry Administration of P.R.China

检 测 报 告

Test Report

编号:2018GD38
Report No.

第 2 页 共 2 页
Page 2 of 2

序号 No.	检测项目 Test Item	单位 Unit	标准要求 Required	检测结果 Test Result	单项判定 Conclusion
1	甲醛释放量	mg/m³	≤0.124	0.027	符合
备注 Remarks	甲醛释放量达到稳定状态的测试时间为74h.				

以下空白 Report Finalized

甲醛释放量检测报告

科学技术成果鉴定证书

〔2020 〕第 号

鉴定日期：2020年06月18日

鉴定批准日期：2020年06月22日

新产品鉴定证书

林产协鉴字（2021）第28号

产品名称：人工林锯木实木复合地板

完成单位：浙江裕华木业股份有限公司

鉴定方式：会议鉴定

鉴定日期：2021.5.3

中国林产工业协会

发明专利证书

局长

申长雨

相关鉴定证书和专利证书

成果来源：“珍贵树种地板增值加工技术集成与示范研究”课题

联系单位：浙江裕华木业有限公司

通信地址：浙江省嘉善县魏塘工业园区恒星北路38号

联 系 人：徐耀飞

电　　话：15157454425

更多信息参见 http://www.qianyan.biz/qy-10736589.htm

木基缠绕压力输送管制备技术

技术目标

木基缠绕压力输送管制备技术集成了木基柔性缠绕带制备、低温快速固化酚醛树脂制备、单板带定量连续施胶和管道缠绕等木基缠绕管道制备工艺和成套技术。主要创新点：①木基柔性缠绕带制备技术。通过集成无纺布覆贴增强技术、薄型单板齿形接长技术和接口双面加固技术，创新性地将速生杨木单板制备成抗拉强度高、绕曲性好的木基柔性缠绕带。②木基缠绕压力输送管道制备技术。采用缠绕复合材料结构设计，集成了木基柔性缠绕带制备、单板带定量连续施胶与3D缠绕、低温快速固化酚醛树脂胶等技术，研制出了环向抗压强度高、保温性能好、环境友好型的木基缠绕压力输送管道产品。

木基缠绕压力输送管生产过程

木基缠绕压力输送管产品

主要特征和技术指标

本技术利用速生木材资源制备出连续缠绕带，原料属于天然可再生资源，具有绿色环保的特点，制造能耗低。采用单板旋切和接长技术，与竹基缠绕管道所需的竹丝制备工艺相比，原料利用率高，生产效率高，价格便宜。本技术制备的木基缠绕压力输送管道质量轻、强度高，主要性能指标：邵氏硬度≥60；初始环刚度≥15 000N/m^2；压力等级1.5倍水压测试，保持2min，管体及连接部位无渗漏。

社会经济效益和市场前景

木基缠绕压力输送管道与竹基缠绕管道相比成本低，产品性能比玻璃钢夹砂塑料管更好，生产能耗小，技术优势明显。目前，采用该技术生产的木基缠绕压力输送管道已在地下水力输送工程应用，得到了用户的好评，是公认的低碳环保的新型管道，能够替代现有高耗能水泥管道和玻璃钢夹砂塑料管，具有良好的推广价值。

成果来源：“木基材料与制品增值加工技术”项目
联系单位：南京林业大学
通信地址：江苏省南京市玄武区龙蟠路159号
邮　　编：210037
联 系 人：梅长彤
电　　话：025-85427742
电子邮件：mei@njfu.edu.cn
更多信息参见 https://kjc.njfu.edu.cn/c2816/index.html

木结构民居梁柱节点复合式增强技术

技术目标

木结构民居是传统建筑的主要形式，具备较高的文化遗产属性，传统木结构建筑与人居保护直接关乎着国计民生。木结构民居一般为自建房，以民间工匠营造口诀或其他纯粹个人考量为依据，缺乏科学的结构设计。修缮和加固这类民居建筑，一直是当地政府首要的民生工程。目前关于木结构建筑的研究表明，梁柱节点作为半刚性连接，对整体结构抗震性能有重要影响。震后灾害调查表明，穿斗式木结构建筑易在梁柱连接处发生榫头拔出、枋头断裂等破坏现象，在高烈度地震作用下，老旧房屋可能会发生整体坍塌破坏。木结构民居梁柱节点复合式增强技术重点突破木结构民居梁柱节点抗震加固技术，通过解析木结构民居梁柱节点在水平荷载作用下的承载机制和破坏特征，创制了均布钢销加固和自复位双向阻尼加固复合式增强技术方法。

主要特征和技术指标

该成果重点突破木结构民居梁柱节点抗震加固技术，通过解析木结构民居梁柱节点在水平荷载作用下的承载机制和破坏特征，创制了木结构直榫节点均布钢销加固复合式增强技术，与加固前相比，增强节点初始刚度和极限弯矩分别提高75%和69%，耗能能力提高69%，同时保持了较好的延性。

木结构民居梁柱对接榫卯节点采用自复位双向阻尼加固复合式增强技术加固，与加固前相比，增强节点初始刚度、极限弯矩和耗能能力均提高50%以上。有效解决了对接榫卯节点易折断、传力机制差、承载能力弱的问题，显著提高了木结构民居梁柱节点的抗震性能。

社会经济效益和市场前景

木结构民居梁柱节点复合式增强技术与木板墙填充和砌体墙填充木构架抗震性能进行比较，其承载能力、抗侧刚度和耗能能力均有不同程度的提升，且改变了节点的枋端折断破坏模式，远高于木板墙填充木构架的抗震性能，与砌体墙填充木构架的抗震性能相当，应用前景广阔，具有良好的推广价值。

成果来源：“木基材料与制品增值加工技术”项目
联系单位：中国林业科学研究院木材工业研究所
通信地址：北京市海淀区香山路东小府2号
邮　　编：100091
联 系 人：周海宾
电　　话：18610686972
电子邮件：zhouhb@caf.ac.cn
更多信息参见 http://criwi.caf.ac.cn/cgtg.htm

板式定制家居产品柔性制造与智能分拣关键技术

技术目标

目前，大多企业采用的是人工分拣的方式，存在工作量大、劳动强度高，造成分拣效率低、分拣错误率高等问题，不能发挥“揉单生产”的优势。项目针对定制家居“揉单生产”过程中的分拣技术“瓶颈”，研发了定制家居揉单生产订单排序优化技术，创制了定制家居揉单生产智能分拣设备和生产线，构建了定制家居智能分拣过程多软件与数控设备的一体化集成平台。为定制家居智能制造转型升级起到示范效应。

主要特征和技术指标

该成果包含基于“智能分拣”的定制家居揉单生产订单排序优化技术、基于“输送线 + 机器手 + 立体库”的定制家居智能分拣线、基于“ERP+MES+WCS+WMS”信息共享的定制家居智能分拣可视化动态管控平台等多项技术。实现了大规模定制多订单最优排产、揉单数据批次数量显著增加（由 10 单一揉提升到 25 ～ 30 单一揉，单个揉单批次订单数量增加了近 3 倍）、自动分拣过程中的总拣选时间最短（每个分拣批次 2h 左右）；实现了定制家居揉单生产的板件从开料、封边、钻孔、分拣、包装的智能一体化加工，解决了人工分拣效率低、出错率高的问题；实现了定制家居产品生产全过程实时数据的数字化管理、柔性化制造及分拣过程的在线实时管控。

社会经济效益和市场前景

该成果突破了定制家居揉单生产的关键技术瓶颈，且为实现定制家居产品的数字化转型和一体化管控的智能制造迈出了坚实的一步。已在浙江升华云峰新材股份有限公司建立示范生产线 1 条，并进行产业化应用。应用该成果，使企业的材料利用率从 75% 提升至 80%，材料损耗率降低 5%；揉单生产效率提高 30% 以上；定制家居产品生产周期缩短至 5 ~ 10d，实现生产线从排产至成品入库时间为 7d（过去为 40d 左右）；分拣过程的差错率降低至 1% 以下，平均为 0.7%（过去为 3% ~ 5%）；信息提速 30% 以上。

该成果推动了家居产业向“个性化定制、柔性化生产”以及信息化与工业化深度融合发展，引领了传统家居产业的模式变革，推进我国家居产业高质量发展，为行业建立了数字化制造和信息化管理的示范效应，社会和经济效益显著提升。目前正逐步在行业中广泛推广应用，市场前景广阔。

成果来源：“木基材料与制品增值加工技术”项目

联系单位：南京林业大学

通信地址：江苏省南京市玄武区龙蟠路 159 号

邮　　编：210037

联 系 人：熊先青

电　　话：13813001815

电子邮件：96xiong0450@sina.com

更多信息参见 https://kjc.njfu.edu.cn/c2816/index.html

板式定制家居产品三维参数化设计与虚拟展示关键技术

技术目标

当前家居产业智能制造的转型升级，主要是围绕“个性化定制”和“柔性化制造”两种模式特点进行技术突破和研发。唯有设计信息通过数字化的形式来表现，才能通过柔性制造技术，实现个性化定制条件下的批量化生产，满足定制家居低成本、高质量、短交货周期的生产需求，从而提高定制家居的智能制造水平。三维参数化设计和虚拟展示技术又是家居数字化设计的主要表现形式，板式定制家居产品三维参数化设计与虚拟展示关键技术的应用和突破是解决定制家居智能制造瓶颈问题的核心，也是提升客户体验满意度和智能制造效率的关键。该成果创制了三维参数化装配式快速建模方法，开发了三维参数化设计与虚拟展示系统平台，开发了三维参数化设计信息交互与共享系统接口。

主要特征和技术指标

该成果通过简化设计和成组技术，构建了定制家居产品族模型，开发了定制产品的三维参数化零部件标准数据库，创新了三维参数化产品零部件标准模块库的构建技术，提高设计效率3.29倍；开发了三维参数化设计与虚拟展示系统集成模块和定制家居产品虚拟展示的环境系统，搭建了店面客户与设计人员在线交互的平台，实现了网上三维参数化设计、协同定制设计和虚拟展示；确保了虚拟展示平台中的三维参数化产品数据与客户定制、企业生产制造等软件间的对接，实现了定制家居产品一键下单、设计与制造一体化，有效地降低错单率。

社会经济效益和市场前景

该成果突破了定制家居在线设计和虚拟展示关键技术瓶颈，实现了定制家居设计、制造和管理过程的一体化，为客户参与式设计提供便捷。目前，已在浙江升华云峰新材股份有限公司建立示范生产线 1 条，并进行产业化应用。应用该成果，使企业的设计效率提高 3.29 倍；实现了网上三维参数化设计、协同定制设计和虚拟展示，2018 年和 2019 年订单量增长率分别为 47.2% 和 22.0%；实现了定制家居产品一键下单、设计与制造一体化，有效降低错单率，错单率稳定在 0.81% 左右。

该技术推动了家居产品数字化设计和家居产业的智能制造快速发展，引领了传统家居产业的转型升级，为行业建立了示范效应，社会和经济效益显著提升。目前正逐步在行业中广泛推广应用，为我国家居产业智能制造转型和高质量发展具有广泛的工业化推广和市场应用前景。

成果来源：“木基材料与制品增值加工技术”项目

联系单位：南京林业大学
通信地址：江苏省南京市玄武区龙蟠路 159 号
邮　　编：210037
联 系 人：熊先青
电　　话：13813001815
电子邮件：96xiong0450@sina.com
更多信息参见 https://kjc.njfu.edu.cn/c2816/index.html

ZJCZ 有机木材防腐剂制备技术

技术目标

ZJCZ 有机木材防腐剂制备技术围绕传统木基材料与制品增价值拓领域的产业需求，在传统人造板领域中引入功能化处理，赋予板材优良防腐、防白蚁效果，是一种高效环保防腐剂制备技术。利用该技术制得药剂的有效成分包括戊唑醇、丙环唑、噻虫嗪、虫螨腈、高效氟氯氰菊酯等，无重金属，低毒、可降解、药剂用量少，用于胶合板使用浓度为 0.05%，且为水乳制剂，对单板等木质复合材料有很好的润湿性、热稳定性好，不影响厚芯木质复合材料等基材原有的热压工艺，对增强木质材料的防腐防虫等能力、拓宽应用领域具有重要作用。

主要特征和技术指标

宁波海关技术中心检测利用该技术制得的药剂对 ICR 小鼠的急性经口 LD_{50}>5 014.4mg/kg，对 SD 大鼠的急性经口 LD_{50}>2 000mg/kg，属于低毒安全型。且可在用量浓度 0.05% 的情况下使板材具备优良防腐、防白蚁效果，不影响板材原有的热压等加工性能。利用该产品处理后制备的厚芯实木复合板胶合强度、静曲强度、弹性模量均达到《普通胶合板》（GB/T 9846—2016）要求，腐朽菌失重率低于 10%，达到强耐腐等级，白蚁蛀蚀等级为 9.5，理化性能指标符合《胶合板》（GB/T 9846—2015）规定。

社会经济效益和市场前景

木质复合材料具有防腐功能后，可用于民居建筑的内外墙体、屋顶、梁柱等承重结构，显著扩大材料应用范围，提高材料附加值和市场竞争力。以户外景观用材为例，松木类南方松为3 500～5 000元/m^3，目前胶合板类复合材料不高于2 500元/m^3。防腐功能实木复合材料中防腐剂及处理工艺成本为170元/m^3，替代户外实木类材料，附加值可提高30%。因此，此产品的推广应用可实现木质复合材料产品应用领域拓展及行业的转型升级。

成果来源：“木基材料与制品增值加工技术”项目
联系单位：广东省林业科学研究院
通信地址：广东省广州市天河区广汕一路233号
邮　　编：510520
联 系 人：马红霞
电　　话：13660385247
电子邮件：lkymhx@sinogaf.cn
更多信息参见 http://www.sinogaf.cn/index.html

第三篇 表面装饰技术

塑膜增强柔性装饰板薄木制备技术

技术目标

柔性装饰薄木采用不同柔性增强材料与薄木复合制成，柔韧性好、抗拉强度高，适用于木制品平面或异形表面饰面，可大大提高珍贵树种木材利用率和产品附加值，具有非常广阔的发展空间。研究木制品表面绿色增值装饰，成为近年来木制品加工行业的热点。塑膜增强柔性装饰板薄木制备技术采用塑膜作为柔性增强材料和胶黏材料，以装饰薄木为基材，经热压复合制备出新型塑膜增强柔性装饰薄木。其中，采用马来酸酐接枝聚乙烯偶联剂和等离子体协同处理制备木制品饰面用改性塑膜，并利用等离子体改性协同处理聚乙烯膜和装饰薄木技术，实现低温热压复合制备无卷曲塑膜增强柔性装饰薄木。

塑膜增强柔性装饰薄木

主要特征和技术指标

采用马来酸酐接枝聚乙烯偶联剂和等离子体协同处理制备木制品

品饰面用改性塑膜，并利用等离子体改性协同处理聚乙烯膜和装饰薄木技术，实现低温热压复合制备无卷曲塑膜增强柔性装饰薄木。该产品制备和饰面过程均无须施胶，生产工艺简单，生产效率高；避免了传统纸衬底和无纺布衬底柔性薄木易产生的透胶和胶层不均匀等现象，产品质量稳定；耐水性好，浸渍剥离性能可达到《人造板及饰面人造板理化性能试验方法》（GB/T 17657—2013）浸渍剥离Ⅰ类试验要求；柔韧性好，可达钢棒直径 4 mm 以下；横向抗拉强度好，符合木制品平面和异形表面饰面要求，且无游离甲醛释放，产品绿色环保。

社会经济效益和市场前景

该项成果已获授权发明专利 5 件，形成了自主知识产权，目前成果研究团队已与江苏红宴木业有限公司、江苏兄弟智能家居有限公司及天津思佳木业有限公司等进行对接，效果良好，成果采用改性塑膜作为柔性增强材料和胶黏材料，与装饰薄木经热压复合制备出新型塑膜增强柔性装饰薄木，制备和饰面工艺简单，无须另外施胶，且胶膜分布均匀，从而保证产品表面质量，提高生产效率，节省珍贵木材资源，提升产品综合性能和附加值。

成果来源：“木材工业节能降耗与生产安全控制技术”项目

联系单位：中国林业科学研究院木材工业研究所，南通跃通数控设备股份有限公司

通信地址：北京市海淀区东小府 2 号

邮　　编：100091

联 系 人：彭晓瑞

电　　话：13716095537

更多信息参见 http://criwi.caf.ac.cn/cgtg.htm

国产人工林珍贵材薄木饰面模压浮雕门

技术目标

人工林珍贵材树种制备薄木，是将木材化整为零的利用方式，可提高综合利用率，有效缓解我国珍贵材资源紧张的状况。国产人工林珍贵材薄木饰面模压浮雕门项目以国产人工林珍贵材为原料制造出了模压浮雕门，实现了国产人工林珍贵材的高效利用。该成果采用小径材集成刨切技术，实现了国产人工林珍贵材的高效利用，降低了我国对国外进口材的依赖；将模压细刨花置于面层，采用提高模压板坯的浮雕表面强度和深度的专利设备模压深浮雕，利用湿贴和一次模压、两步覆贴的创新技术，解决了国产人工林珍贵材因强度低、心材多、脆性大，难于薄木贴面或仅适用于浅雕模压生产的生产技术难题。

主要特征和技术指标

该成果以国产人工林楸木、柚木、西南桦、红椎 4 种珍贵木材为原料，采用直接刨切或小径材指接集成板方刨切制备得到装饰薄木；以竹材和木材为原料，将竹木刨花按一定重量比混合，制备出适合国产人工林珍贵木材刨切薄木模压浮雕工艺要求的板坯，制备表层细刨花和芯层粗刨花，通过施加一定量胶黏剂，采用机械方法把刨花铺成刨花板坯，厚度 12 ～ 24mm，表层刨花占比 45%、芯层刨花占比 55%，含水率表层 9% ～ 11%、芯层 9% ～ 13%；通过增大板坯和薄木的含水率，采用自主研发的专利设备和湿碰湿贴、一次模压、两步覆贴专利技术，实现了国产人工林珍贵材刨切薄木在凹凸起伏较大的表面覆贴。

社会经济效益和市场前景

重庆星星套装门（集团）有限责任公司已形成 1 条年产 10 000 套国产人工林珍贵材薄木饰面模压浮雕门示范生产线，按出厂价 1 280 元 / 套计算，年含税销售额 12 800 万元，投资回收期仅需 0.26 年，推广应用前景广阔。已试生产楸木珍贵树种模压浮雕门 2 500 余樘，产品在星星木门旗舰店及其部分经销商成功上市销售，已销售珍贵树种高品质模压浮雕门 2 437 套，销售金额 426.5 万余元，实现利润 42.06 万元，产品受到经销商、消费者广泛好评。

人工林珍贵材薄木饰面模压浮雕门

成果来源：“珍贵树种木门增值加工技术集成与示范”课题

联系单位：重庆星星套装门（集团）有限责任公司

通信地址：重庆市开州区汉丰街道佰成路星星豪都

联 系 人：田世彬

电　　话：13509441958

更多信息参见 http://www.xxcqmm.com/

国产人工林珍贵材薄木饰面木质复合门

技术目标

木门作为我们常见的木制产品，是生活中不可或缺的一部分，不仅具有保护隐私、保暖防寒的用途，还能起到装饰环境，愉悦心情的作用。但我国珍贵木材资源本身的匮乏，需要开发人工林珍贵材树种在室内木质门的增值应用。国产人工林珍贵材薄木饰面木质复合门项目结合市场需求，研发了国产人工林珍贵材饰面室内复合木门生产技术，采用整张大板直接制造复合门扇，在其表面覆贴国产珍贵树种木皮制备的天然薄木，开发了适用于珍贵材薄木的水性涂料和胶黏剂，并形成批量生产。

主要特征和技术指标

针对国产人工林柚木、水曲柳、栎树和楸树等珍贵材薄木特性，开发了两次热激活改性胶黏剂，增强了薄木韧性，解决了人工林珍贵材薄木变形、脆性大等问题；采用改性聚氨酯丙烯酸树脂为主剂，添加优选助剂，制备了水性面漆，漆膜丰满度良

国产人工林珍贵材薄木饰面木质复合门样品

注：从左至右依次为人工林水曲柳薄木饰面复合门、人工林蒙古栎薄木饰面复合门、人工林柚木指接薄木饰面复合门和人工林楸木薄木饰面复合门。

好，附着力达到1级，硬度达到H，耐水、耐醇和耐醋等均达到2级以上，漆膜性能优异，在实现良好漆膜性能的同时，提升了木质复合门的装饰效果和环境友好性。产品经国家建筑工程质量监督检验中心检测，外观质量、漆膜附着力、启闭力、抗垂直载荷性能、抗静扭曲性能及耐软重物撞击性能均符合《木门窗》(GB/T 29498—2013)要求。

社会经济效益和市场前景

该成果采用UV底漆+水性面漆往复式涂饰方式，油漆黏度控制在110s左右，较常规油性油漆涂饰工艺，生产周期缩短了3～5d，成本降低50～80元/套，木门产品增值率提高约46.7%。研发成果将在广东盈然木业转化实施，预计2021年将新增产值1 000余万元，缴税100余万元。该产品具有美丽的珍贵材实木外观质感，涂饰表面效果美观，适用于室内装饰用门，可满足各种风格的室内空间设计，同时也可用于高端酒店、办公空间等装修。

成果来源：“珍贵树种木门增值加工技术集成与示范”课题

联系单位：广东盈然木业有限公司

通信地址：广东省佛山市顺德新城区龙盘西路8号

联 系 人：仲利涛

电　　话：18014869071

更多信息参见 http://lbqnature.cn.b2b168.com/

人工林珍贵薄木饰面防火门

技术目标

随着我国城镇化的进程不断加深，居民生活水平不断提高，国内消费者对珍贵用材的需求急剧增长，特别是以珍贵用材制作的木门，诸如具有阻燃防火功能门的需求不断增加，在高层民用建筑、宾馆、娱乐场所等领域使用广泛。目前市面上的防火门存在着两大技术难题：一是重量大、尺寸大，且在火灾中容易坍塌导致防火功能丧失，在日常使用中，频繁的开闭易因门扇自重过大而导致倾斜；二是不美观无法满足家居室内装饰设计需求，导致防火门产品无法应用于室内。在上述背景下开发的人工林珍贵薄木饰面防火门成果为轻型室内木质装饰防火门产品。该产品以国产人工林珍贵材薄木对防火门进行饰面处理，采用新型阻燃体系和阻燃处理技术使其不失实木纹理的美观性，又兼具阻燃特性，有效抑制火焰在其表面的蔓延。通过防火门分层防火结构设计和新型轻型门芯材料应用使用，满足防火性能等级的同时，降低门扇重量，可应用于室内装饰装修，从而大幅提高了其附加值。

主要特征和技术指标

本产品燃烧 82min，门扇背火面表面平均温度上升 45℃，最高温度上升 56℃，在 82min 内，背火面未出现火焰，性能达到了《防火门》（GB 12955—2008）标准乙级防火门指标要求，材料阻燃性能氧指数指标值达到 61.7%。经过人工林珍贵材薄木饰面，表面胶合强度达到 1.60MPa，漆膜附着力达 2 级，漆膜硬度为 2H，性能符合《室内木质门》（LY/T 1923—2010）指标要求。

样品防火门　　新产品鉴定证书　　样品安装效果

人工林珍贵薄木饰面防火门样品及其新产品鉴定证书

社会经济效益和市场前景

本研究开发的产品为定制产品，企业根据用户下单要求和产品工艺标准生产制造。经青特小镇工程部、安徽青蓝装饰设计工程有限公司等单位下单采购，已应用于部分学校、高层建筑等场所，消费者反馈木门表面纹理效果自然，款式简洁大方，效果美观，产品轻盈，安装后不变形，信赖产品防火阻燃性能，获得了消费者及市场认可。该产品作为一款具有珍贵材外观实木质感的木质防火门，可应用于室内装饰装修，酒店、办公大楼等公共装修工程。

成果来源：“珍贵树种木门增值加工技术集成与示范研究”课题

联系单位：德华兔宝宝装饰新材股份有限公司

通信地址：浙江省德清县武康镇临溪街 588 号

联 系 人：詹先旭

电　　话：13306823555

更多信息参见 http://www.dhwooden.com/industry/index/cid/10003.html

木制品表面数字化木纹 UV 树脂数码喷印装饰技术

技术目标

针对木制品表面木纹装饰的需求，木制品表面数字化木纹 UV 树脂数码喷印装饰技术基于数码喷墨打印技术，通过对木纹信息采集及数字化处理技术、木纹立体仿真打印技术与设备、UV 树脂油墨 LED 灯紫外固化技术等的研究与集成，实现了木纹立体仿真打印，使基材表面具有天然木纹的装饰效果，替代传统的表面贴面装饰工艺，在地板等家居木制品生产上应用，满足了个性化定制和柔性化生产的需求，产品节能降耗和绿色环保，有利于提高木材的附加值，促进了产业技术升级。

数码木纹 3D 数码喷印装饰板

主要特征和技术指标

实现了数字化木纹 UV 数码喷墨打印技术（UV-LED+Ink-jet+DPT）的有效集成、设备研制与生产性示范应用，使得数字化木纹图像能够通过全新的“非接触式”喷墨打印方式直接喷印到基材表面，并能够“即喷即干”快速固化形成具有立体木纹的装饰效果。在杨木、桉木等普通多层胶合板基材上生产制造了具有柚木色、胡桃木、樱桃木色、橡木色的UV数码喷印装饰多层实木复合地板，使其具有天然木纹或图案肌理和色泽的装饰效果，减少了能源消耗，提高了生产效率，生产过程节能减排、绿色环保、智能高效，已形成林业行业标准、企业标准各1项，数码木纹图库1套（57种），研制成2个系列设备（平台式数码喷印机3台、木地板数码喷墨打印机3台）。

社会经济效益和市场前景

该项成果已授权发明专利2件、申请发明专利4件、授权外观专利3件，建成示范生产线3条，正在推广1条。研制生产的数码喷印装饰实木复合地板产品质量性能符合林业行业标准《木制品表面数码喷印装饰通用技术要求》（报批稿）、《数码喷印装饰实木复合地板》（Q/SSC 01—2019）以及《实木复合地板》（GB/T 18103—2013）的相关指标要求。以研制生产的数码喷印装饰实木复合地板为例，按年产量40万m^2，市场销售价为150元/m^2计算，年产值可达到6 000万元，年利税总计为2 480万元，利税率41.33%。

成果来源：“木材工业节能降耗与生产安全控制技术”项目

联系单位：南京林业大学

通信地址：江苏省南京市玄武区龙蟠路159号

邮　　编：210037

联 系 人：吴智慧

电　　话：13951803342

更多信息参见 https://kjc.njfu.edu.cn/c2816/index.html

快干水性UV固化木器涂料制备和应用技术

技术目标

针对现有木制品用水性涂料成膜速度慢、干燥时间长、漆膜性能不佳等技术瓶颈，以及现有UV固化涂料黏度大、不能用于异形木制品喷涂的问题，快干水性UV固化木器涂料制备和应用技术从涂料基础树脂的制备筛选出发，通过对水性光固化树脂的种类及固含量、快干水性光固化涂料助剂体系及配制工艺、涂装及干燥等技术关键点的研究，研制开发了高固含量快干型聚氨酯丙烯酸酯水性UV固化涂料生产技术，实现了水性UV固化涂料的高效干燥，同时满足了相关的漆膜物理性能要求，可用于木地板、木门窗、家具以及异形木制品的环保涂装，对推动我国木材加工产业的结构优化与转型升级具有重要意义。

快干水性UV涂料

快干水性UV涂料涂饰木地板

主要特征和技术指标

该技术生产的水性UV固化涂料，干燥效率显著提高。以干燥温度60℃为例，采用7底2面的涂饰工艺，使得干燥固化时间由35min降到16～20min，生产效率提高42%以上。且漆膜性能优异，经国家人造板与木竹制品质量监督检验中心检测，涂饰木地板漆膜硬度可达3H，附着力为0级，磨耗值0.05g/100r。环保性能优异，经国家涂料质量监督检验中心和SGS检测，未检出重金属、苯系物和醇醚类，TVOC仅为22g/L。

社会经济效益和市场前景

本技术已获新技术鉴定1项，国际先进水平；新产品鉴定2项，均为国内领先水平；申请发明专利3件；制定行业标准1项，企业标准2项。研究成果成果已在江门大自然家居有限公司、浙江升华云峰新材股份有限公司、广东厚邦木业制造有限公司等木业企业等进行了示范生产和应用，产生了较好的经济社会效益。2020年水性UV漆涂饰木制品销售约9 000万元，增值约900万元。

成果来源：“木材工业节能降耗与生产安全控制技术”项目
联系单位：中国林业科学研究院林业新技术研究所，江苏海田科技有限公司
通信地址：北京市海淀区东小府2号
邮　　编：100091
联 系 人：龙玲
电　　话：13683096215
更多信息参见 http://rifnt.caf.ac.cn/kygz/kycg.htm

高仿真数码打印浸渍胶膜纸制造技术

技术目标

高仿真数码打印浸渍胶膜纸制造技术确立了高仿真数码打印渍胶膜纸生产工艺，形成了一套完整的高仿真数码打印强化地板用浸渍胶膜纸制造技术。通过利用高清图像数字化处理技术和数码打印技术，对扫描的珍贵树种木材天然图像纹理进行高仿真复制，结合优化油墨和浸渍胶黏剂配方，制定符合产品生产和销量要求的工艺流程，制造出高仿真数码浸渍胶膜纸，应用于强化地板产品生产。

主要特征和技术指标

该成果采用数码打印技术，对珍贵树种木材的天然纹理进行高仿真复制和再现。根据打印用原纸的特点，为后续的无胶工艺研究合适的打印用油量配方；同时保证打印的质量及效果。研究出的仿真数码打印木纹纸，使产品表面光泽度普遍达到 75 ～ 85 度，胶合强度高，耐污染能力强。

通过珍贵树种木材高清纹理图像的采集及处理技术，将降香黄檀、柚木等珍贵树种的天然纹理应用到强化木地板上，仿真度≥95%，赋予珍贵树种地板表面的立体造型和自然丰富的色彩效果。高仿真数码打印浸渍胶膜纸应用于强化地板生产，成品指标符合《浸渍纸层压木质地板》(GB/T 18102—2007) 要求，其中甲醛 < $0.05mg/m^3$，静曲强度 >35MPa，表面耐磨 >4 000r，实测结果分别为 $0.016mg/m^3$，35.3MPa 和 6 000r。

社会经济效益和市场前景

制得的清晰度和耐磨度更高的数码打印浸渍胶膜纸，经国家人造板与木竹制品质量监督检验中心检测，浸胶量、挥发物含量及甲醛释放量指标均符合《人造板饰面专用纸》（GB/T 28995—2012）要求。研制的数码打印胶膜纸应用于强化木地板生产，建成年产 300 万 m^2 高仿真数码打印强化木地板示范线 1 条。产品经国家建筑材料及装饰装修材料质量监督检验中心检测，表面耐磨、表面耐划痕、吸水厚度膨胀率、密度、含水率及静曲强度等指标均符合《浸渍纸层压木质地板》（GB/T 18102—2007）要求。甲醛释放量 0.016mg/m^3。专家委员会一致认为，该成果达到国内先进水平。适用于浸渍胶膜纸的图像再成形，可应用于各种饰面地板。

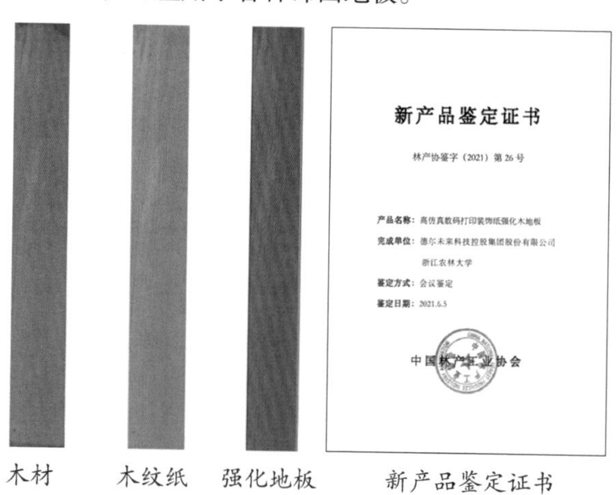

新产品鉴定证书

林产协鉴字（2021）第 26 号

产品名称：高仿真数码打印装饰纸强化木地板

完成单位：德尔未来科技控股集团股份有限公司

浙江农林大学

鉴定方式：会议鉴定

鉴定日期：2021.6.5

中国林产工业协会

木材　木纹纸　强化地板　新产品鉴定证书

成果来源：“珍贵树种地板增值加工技术集成与示范研究”课题

联系单位：德尔未来科技控股集团股份有限公司，浙江农林大学

通信地址：江苏省苏州市吴江区开平路 3333 号

联 系 人：魏斌

更多信息参见 http://der.com.cn/der.php

高仿真数码打印装饰纸强化木地板

技术目标

强化木地板是以人造板为基材，表面、背面分别压贴各种图案精美的装饰纸和防潮纸制成的地板，具有节能环保特性，符合国家的产业政策。随着人们环保意识的增强，对居住环境要求越来越高，对超低甲醛含量的纤维板以及清洁能源的需求更大，因此从源头到产品全流程做到生态环保，实现绿色环保制造成为产业发展的新趋势。

降香黄檀、楠木等珍稀材种，由于受树木径级及蓄积量的影响，难以直接在木地板中实现产业化应用。本成果利用高仿真数码打印技术对珍贵树种木材的天然纹理进行复制、再现，一方面满足了消费者对珍稀木材的部分需求，另一方面提升了强化地板的产品附加值。

主要特征和技术指标

高仿真数码打印装饰纸强化木地板采用改性异氰酸酯（MDI）胶，通过添加钢带清洁设备等措施实现绿色清洁生产。研究图像采集和打印工艺，以获取高仿真木纹纸；提升高耐磨喷涂木纹纸耐磨颗粒的均匀性，以保证产品的耐磨转数；通过采用耐磨、木纹纸二合一工艺制造清晰度和逼真度更高的纸张，使产品表面光泽度普遍达到 75 ～ 85 度，胶膜饱和度高，耐污染能力强。采用低温延时热压工艺，既要保证固化，也要保证板型的平直度。制得的产品：无醛纤维板指标符合《地板基材用纤维板》（LY/T 1611-2011）要求，其中甲醛释放量≤ 0.03mg/m^3，实测结果为 0.008mg/m^3；高仿真喷涂木纹装饰纸仿真度≥ 95%；高仿真数码打印强化地板成品指标符合《浸渍纸层压木质地板》（GB/T 18102—2007）要求，其中甲醛≤ 0.05mg/m^3，静曲强度≥ 35MPa，表面耐磨≥ 4 000r，实测结果分别为 0.016mg/m^3，35.3MPa 和 6 000r。

社会经济效益和市场前景

经过研究开发出一款无醛纤维板基材，甲醛含量为 0.008mg/m^3，远低于无醛人造板 0.03mg/m^3 的要求。开发了高仿真数码打印装饰纸强化木地板新产品，最终建成年产 300 万 m^2 的高仿真数码打印装饰纸强化木地板示范生产线 1 条。自 2020 年新产品上市以来，累计销售 75 万 m^2，新增销售收入 7 623 万元。通过对产品市场反馈评估，预期年销量达 50 万 m^2，销售额 8 500 万元，增值约 3 100 万元。该技术适用于强化木地板的生产制造。

强化地板

木材

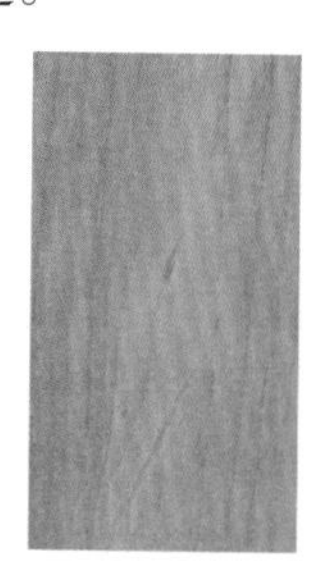

木纹纸

新产品鉴定证书

林产协鉴字（2021）第 26 号

新产品鉴定证书

成果来源：“珍贵树种地板增值加工技术集成与示范研究”课题

联系单位：德尔未来科技控股集团股份有限公司，浙江农林大学

通信地址：江苏省苏州市吴江区开平路 3333 号

联 系 人：魏斌

更多信息参见 http://der.com.cn/der.php

基于单宁酸—铁离子络合的木材调色技术

技术目标

针对木材现有表面化学调色不均匀、化学调色试剂不环保、着色效果不理想以及耐候性不佳的技术瓶颈，基于单宁酸—铁离子络合的木材调色技术通过单宁酸导入满细胞处理，提高单宁在木材表面的分布均匀性，再与铁离子反应，提高了变色均匀性；通过联合多巴胺处理与耐候性涂料覆面优化化学调色技术，解决了紫外光以及高温高湿条件下易变色等问题，提高了调色木材的耐久性，变色过程不添加有毒有害的化学原料，实现了安全环保的木材表面均匀的表面化学调色，可用于橡木、杨木、桉木、柚木等单板以及实木板材的变色处理，对推动我国木材加工产业的结构优化与转型升级具有重大作用。

化学调色木材样品

化学调色木地板

主要特征和技术指标

基于木材中富含单宁等多酚物质与金属离子的络合反应机制，

设计使用环保的单宁酸对木材进行满细胞导入处理，提高了单宁在木材表面分布均匀性，解决了木材表面化学调色不均匀、化学试剂不环保、着色效果不理想的问题。采用耐候性涂料覆面，解决了紫外光以及高温湿度条件下易变色等问题，提高了调色木材的耐候性。采用本成果进行化学调色处理的木材表面呈灰蓝色，可处理50mm厚度的实木板材，可实现颜色灰度的可控；调色处理的木材表面紫外光老化96h后总色差 ΔE 值3～6，颜色变化轻微，耐紫外线效果较好；化学调色地板耐光色牢度达到3～4级。

社会经济效益和市场前景

该研究成果获新技术鉴定1项，国际先进水平；申请发明专利1件，已授权。研究成果已在北美枫情木家居（江苏）有限公司和巴洛克木业（中山）有限公司进行了生产和应用，提高了产品附加值和企业市场竞争力，产生了显著的经济社会效益。2020年生产的化学调色地板，相对传统产品增值643万元。

成果来源：“木材工业节能降耗与生产安全控制技术”项目

联系单位：中国林业科学研究院林业新技术研究所，中国林业科学研究院木材工业研究所

通信地址：北京市海淀区东小府2号

邮　　编：100091

联 系 人：龙玲

电　　话：13683096215

更多信息参见 http://rifnt.caf.ac.cn/kygz/kycg.htm

木材化学变色技术

技术目标

木材受光、热、生理生化影响，引发木材化学成分变化，从而导致木材发生变色缺陷。目前，油漆是防治木材变色的主要手段，但是仍然存在颜色不自然、木材纹理被覆盖、油性涂料污染严重等问题。木材化学变色技术利用化学试剂与木材组分发生反应改变表面颜色。不同化学试剂与木材组分会产生丰富的色彩变化，且颜色分明、分布均匀，木材纹理清晰，对于开发化学变色实木复合地板有重要意义。

主要特征和技术指标

该技术采用氯化亚铁与栎木反应制备栎木单板，颜色为蓝黑色，颜色自然，纹理清晰。变色处理的最佳工艺参数为：氯化亚铁质量浓度为 1.0%、处理时间为 10min，处理温度为 80℃、干燥温度为 40℃。所得栎木化学变色单板有良好的耐冷水和耐热水性能。但其耐紫外光老化性能较差，经过720h照射后，表面色度系数变化较大，光照对 b* 值的影响最大。涂刷固色剂 UV-1130 可以显著提高变色栎木单板在紫外光的照射下的颜色稳定性。经分析发现，变色反应主要发生在木材中羟基、酚羟基和芳香环取代基上，栎木中的酚类化学物质与铁离子的络合反应是栎木变色的主要原因。

所得材料的技术指标为：柚木化学变色实木复合地板，含水率 10%，甲醛释放量≤ 0.01mg/m^3，静曲强度 52MPa，弹性模量 6 240MPa，漆膜硬度 2H，漆膜表面耐磨 0.07g/100r；栎木化学变色实木复合地板，含水率 8%，甲醛释放量≤ 0.012 mg/m^3，静曲强度 52MPa，弹性模量 6 740MPa，漆膜硬度 3H，漆膜表面耐磨 0.04g/100r。

社会经济效益和市场前景

自 2018 年下半年新产品上市以来，共销售 68 万 m^2，新增销售收入 12 612 万元。该技术实现木材表面颜色变化，生产化学变色仿古地板产品。

木材化学变色产品

科学技术成果鉴定证书

浙技促鉴字[2020]第289号

成果名称：木材化学变色技术

完成单位：浙江农林大学

鉴定形式：会议鉴定

组织鉴定单位：浙江省技术市场促进会（盖章）

鉴定日期：2020年10月17日

鉴定批准日期：2020年10月17日

国家科学技术委员会

发明专利证书

局长 申长雨

发明专利证书

局长 申长雨

发明专利证书

局长 申长雨

相关科技成果鉴定证书和专利证书

成果来源：“珍贵树种地板增值加工技术集成与示范研究”课题

联系单位：浙江农林大学

通信地址：浙江省杭州市临安区武肃街666号

联 系 人：郭玺

电　　话：17858839952

更多信息参见 https://hzc.zafu.edu.cn/

表面化学变色实木复合地板

技术目标

表面化学变色实木复合地板以金属离子溶液为化学变色剂，探究了影响木材变色的工艺参数，并明确了木材发生化学变色的根本原因。该技术可应用于实木复合地板的生产中，开发表面物理修饰及化学调色实木复合仿古地板系列产品。

主要特征和技术指标

采用氯化亚铁与栎木反应制备栎木单板，颜色为蓝黑色，颜色自然，纹理清晰。栎木化学变色单板有着良好的耐冷水和耐热水的性能。但其耐紫外光老化性能较差，经过涂刷固色剂 UV-1130 可以显著提高变色栎木单板在紫外光的照射下的颜色稳定性。通过涂覆黄酮类物质为变色前驱体，利用亚铁离子复配木材变色剂，开展了处理工艺及变色机理研究，获得了栎木等特定珍贵树种颜色修饰技术。通过该技术的应用，既保留了木材原有的清晰纹理，又实现了木材表面特定色系饱和度的调控，提升了木质地板的文化韵味和设计感。

社会经济效益和市场前景

自 2018 年下半年新产品上市以来，共销售 68 万 m^3，新增销售收入 12 612 万元。该技术可应用于实木复合地板的生产当中，开发表面物理修饰及化学调色实木复合仿古地板系列产品。

表面化学变色实木复合地板产品

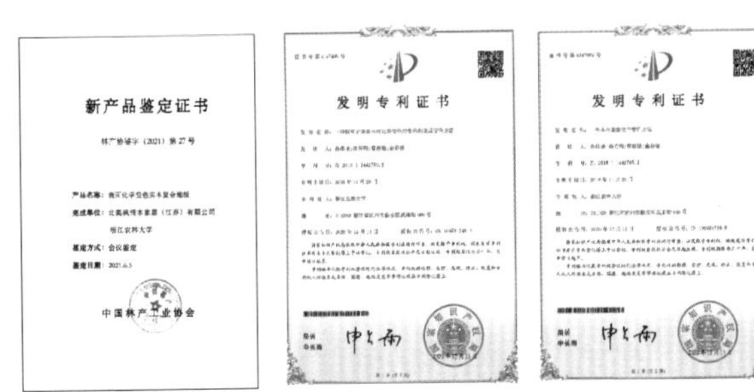

新产品鉴定证书

林产协鉴字（2021）第27号

产品名称：表面化学变色实木复合地板

完成单位：北美枫情木家居（江苏）有限公司

浙江农林大学

鉴定方式：会议鉴定

鉴定日期：2021.6.5

中国林产工业协会

发明专利证书

发明专利证书

发明专利证书

相关新产品鉴定证书和专利证书

成果来源：“珍贵树种地板增值加工技术集成与示范研究”课题

联系单位：北美枫情木家居（江苏）有限公司，浙江农林大学

通信地址：江苏省苏州市吴江区汾湖镇汾安东路99号

联 系 人：周湘

电　　话：13451987523

更多信息参见 http://www.sinomaple.com.cn/

第四篇

木材剩余物资源化加工利用技术

第十二章 生物质材料与化学品

pH 值响应木质素纳米级缓释材料

技术目标

木质素是自然界最为丰富的芳香族物质，但是由于其分子量大、反应活性低等缺点，尚未得到高效利用。根据木质素高值化、功能化、智能化利用的需求，针对木基材料在功能材料中应用的瓶颈，特别是木质素存在水溶性差、表面活性低和功能单一等问题，对木质素进行改性，进而制备高附加值功能材料，pH 值响应木质素纳米级缓释材料对于木质素的资源化利用具有重要的意义。该成果主要开展了通过 pH 值响应精准控制达到农药缓释效果的研究，通过改变环境 pH 值，对胶束进行 pH 值响应控制释放包覆农药或色素；另外，进行了毒理病理性测试，通过微生物测定药物对生物体的影响。

主要特征和技术指标

该 pH 值响应改性木质素纳米胶束具有优异的 pH 值响应释放性能。在中性环境下，72h 内的农药或色素累积释放量约为 80% 以上，而在 pH 值 2.0 以下的酸性介质中，72h 内的农药或色素累积释放量在 30% 以内，其农药缓释表现出良好的 pH 值响应性能。经与湖南松本林业科技股份有限公司合作，开发的姜黄素体系，在中性环境下，72h 内的色素累积释放量约为 80% 以上，而在 pH 值 2.0 以下的酸性介质中，72h 内的色素累积释放量在 30% 以内，其色素物缓释表现出良好的 pH 值响应性能，达到了企业对农药或色素的缓释预期要求。第三方检测机构对产品的结构进行了表征，结果显示：产品粒径达到纳米级，平均粒径大小为165.8nm，粒径分布（d=0.5）集中，同时具有优异的pH值响应释放性能。

社会经济效益和市场前景

根据木质素资源丰富、可再生、可降解且富含活性官能团等特点，经过木质素功能化改性，酸敏智能化定向修饰，获得了“pH值响应木质素纳米级缓释材料”产品，优化了木质素基纳米智能材料制备工艺和性能，该技术制备的pH值响应改性木质素纳米胶束原料来源丰富，制备工艺简单，在农药缓释控释领域等有很好的应用前景。

成果来源：“木基材料与制品增值加工技术”项目

联系单位：中南林业科技大学

通信地址：湖南省长沙市韶山南路498号

邮　　编：410004

联 系 人：张林

电　　话：15974247053

更多信息参见 https://kjc.csuft.edu.cn/kycg/cgjj/

木质素基荧光纳米材料制造技术

技术目标

木质素资源丰富，木质素基荧光纳米材料制造技术以来源广泛、价格低廉的木质素为原料，开发出一种用于木材涂饰保护的木质素荧光纳米材料，通过吸收紫外光、发射荧光实现木材抗紫外老化保护，在木材抗紫外光老化涂饰功能材料等领域有广阔前景，对于提高木质材料附加值、拓展应用范围具有重要的意义。本成果重点突破木质素荧光纳米材料的荧光增强技术，并针对木质素分子量大、难于高效利用的问题，从木质素的控制解聚入手，创新采用简单、绿色的超分子自组装和纳米复合等工艺，实现了木质素基荧光材料的高效制备，并创新利用其吸收紫外光发射荧光的性能，将其用于木材抗紫外老化涂饰，取得了较好的效果，为木质素在木材涂饰保护领域的利用提供了有力的技术支撑。

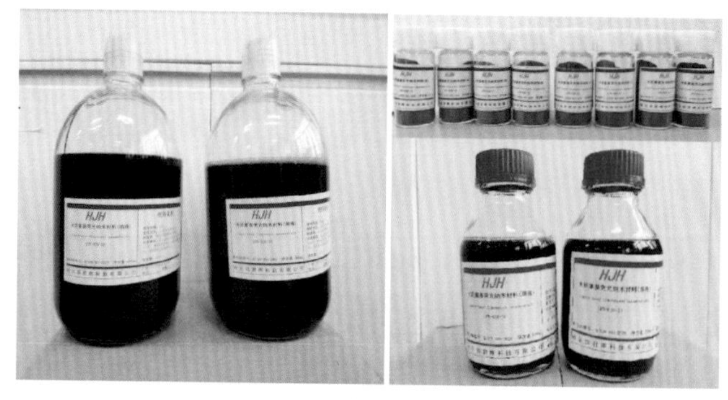

不同类型样品

主要特征和技术指标

本成果以木质素为原料，经过精制处理，采用控制解聚、超分子自组装、纳米复合等方法，制备出木质素基荧光材料；将其与桐油、水性漆等复配后，通过吸收紫外光、发射荧光实现木材抗紫外老化保护，开发出一种用于木材涂饰保护的木质素基荧光纳米材料，为木质素在木材涂饰保护领域应用提供了新途径。产品经第三方分析检测，木基 $CQDs/Ce_{0.7}Zr_{0.3}O_2$ 复合荧光材料量子产率为 32.23%。应用于木材涂饰后，经国家人造板与木竹制品质量监督检验中心检测，涂饰木材耐光色牢度性能由 3 级提高至 4.5 级。

社会经济效益和市场前景

目前，木材抗紫外涂饰主要有纳米 TiO_2、ZnO 等无机材料，以及二苯甲酮、苯并三唑等有机材料，都是价格不菲的不可再生资源加工产品，而木质基荧光纳米材料源于木材、用于木材，提高木基材料产品的附加值并延长木基产品使用期，能够产生巨大的社会效益和生态效益。该木质素荧光纳米材料原料来源丰富、价格低廉，制备工艺简单，在木材抗紫外老化保护领域有很好的应用前景。

成果来源：“木基材料与制品增值加工技术”项目

联系单位：东北林业大学

通信地址：黑龙江省哈尔滨市香坊区和兴路 26 号

邮　　编：150006

联 系 人：李淑君

电　　话：0451-82191748

电子邮件：lishujun_1999@126.com

更多信息参见 https://kyy.nefu.edu.cn/kycg/cghj.htm

林业废弃物食用菌基质生产技术

技术目标

人工林剩余物中含有萜烯类、单宁和皂素等多种次生代谢物质不利于食用菌菌丝的生长，而目前食用菌企业常用的栎树、阔叶木木屑资源稀缺，且价格逐年上涨，严重制约了食用菌企业的发展。林业废弃物食用菌基质生产技术针对人工林剩余物富含多种次生代谢物质不利于食用菌菌丝生长的缺陷，筛选了能降解萜烯类、单宁和皂素的菌种，制备了高效混合降解菌剂，研发了利用微生物菌剂定向降解人工林剩余物中次生代谢物质关键技术，开发出马尾松木屑等人工林剩余物栽培食用菌新配方，为食用菌生产原料的多样化提供技术支持。

脱毒处理后的马尾松木屑栽培玉木耳（左）、灵芝（中）和大球盖菇（右）

主要特征和技术指标

在分析马尾松木屑等人工林剩余物理化性状的基础上，明确了马尾松木屑中的萜烯类、单宁和皂素等次生代谢物抑制食用菌菌丝生长。采用松节油、单宁、皂素为唯一碳源，自主筛选获得降解单

单宁、皂素、萜烯类和大分子有机物降解菌

宁菌1株，皂素降解菌2株，萜烯类降解菌2株，制备了混合菌剂2种，突破了单宁、皂素、萜烯类物质脱毒处理的技术瓶颈，单宁、皂素和萜烯类降解率分别达68.45%、84.88%和92.03%。该技术已授权发明专利4件，发表学术论文3篇，登记软件著作权1件，成果评价1项，成果总体达国际先进水平，其中马尾松木屑脱毒处理技术达国际领先水平。创制了马尾松木屑等人工林剩余物栽培玉木耳、秀珍菇、灵芝和大球盖菇等基质配方，食用菌产品经权威机构检测符合国家标准质量要求。

社会经济效益和市场前景

本成果筛选的菌种和制备的菌剂可以定向降解富含萜烯类、单宁和皂素等次生代谢物质的人工林剩余物，拓展马尾松等人工林剩余物栽培食用菌品种，有效缓解食用菌栽培原料紧缺现状。该成果的应用，可以实现食用菌企业就近取材、就地脱毒处理，减少了运输成本，节约了食用菌基质生产成本约27%，解决了因剩余物废弃造成的环境污染问题，具有显著的社会、经济和生态效益。

成果来源：“人工林剩余物资源化利用技术研究”项目

联系单位：中国林业科学研究院亚热带林业研究所

通信地址：浙江省杭州市富阳区富春街道大桥路73号亚林所

邮　　编：311400

联 系 人：张金萍

电　　话：0571-63105092

电子邮件：jinpingzhang@126.com

更多信息参见 http://risfcaf.caf.ac.cn/cgyl/zylw.htm

木质素和纳米二氧化硅协同增强酚醛泡沫技术

技术目标

由于石油资源的日益枯竭以及国家对环境保护力度的加强，寻求绿色、优质、低成本的环保型节能有机保温材料已成为当前相关领域的研究热点。与常用的建筑节能保温材料聚氨酯硬泡相比，目前生物基酚醛泡沫产品存在强度较低的问题，限制了其应用范围。为了解决生物质酚醛泡沫强度低的核心问题，木质素和纳米二氧化硅协同增强酚醛泡沫技术在木质素绿色定向解离获取小分子酚类化合物的基础上，创新开发了以苯酚为分散剂新体系下制备纳米二氧化硅关键技术，研究新体系对甲醛反应活性和对树脂工艺影响，开发低黏度高活性木质素和纳米二氧化硅协同改性发泡酚醛树脂关键技术，实现了木质素和纳米二氧化硅协同改性酚醛泡沫工艺集成技术，推动了酚醛泡沫产品升级，为绿色居住提供新技术和新材料，可促进我国林纸业和燃料乙醇业副产物产业结构调整，拓宽酚醛泡沫应用领域，提升行业国际竞争力和科技水平，符合生物质材料可持续发展政策。

木质素酚醛泡沫板材生产设备

主要特征和技术指标

针对酚醛泡沫低强度问题，本技术以苯酚为分散剂制备纳米二氧化硅新体系，突破纳米二氧化硅分散性、发泡树脂黏度和活性控制、木质素和纳米二氧化硅协同增强、固化剂制备及规模化应用等技术，实现木质素和纳米二氧化硅酚醛泡沫的规模化制备及其流水线工业化生产。

本技术创制了木质素和纳米二氧化硅协同改性发泡树脂和酚醛泡沫等新产品，建立木质素和纳米二氧化硅协同改性酚醛泡沫连续化生产控制技术，实现木质素和纳米二氧化硅协同改性酚醛泡沫规模化绿色制造和应用，生产的酚醛泡沫性能达到《绝热用硬质酚醛泡沫制品》（GB/T 20974—2014）绝热用硬质酚醛泡沫制品 (PF)。

社会经济效益和市场前景

已经实现稳定生产，加工了 2 500m^3 泡沫，销售 205 万元，用于墙体保温。产品经江苏省聚氨酯产品质量监督检验站检测，产品指标符合各项要求。目前已建设示范生产线 1 条。

成果来源：“人工林剩余物资源化利用技术研究”项目
联系单位：中国林业科学研究院林产化学工业研究所
通信地址：江苏省南京市锁金五村 16 号
邮　　编：210042
联 系 人：胡丽红
电　　话：13770702892
电子邮箱：lihong2004888@sina.com
更多信息参见 http://www.icifp.cn/conn/list.aspx

木质素生物基环氧树脂及化学灌浆材料制备技术

技术目标

木质素作为自然界中仅次于纤维素的第二丰富的生物大分子，也是自然界唯一以芳香基单元为主要结构的生物聚合物，在合成高性能化学品等高值化利用方面有重大潜力。环氧树脂灌浆材料经过多年的发展，虽然已在增韧、增强、低温固化、水溶性等方面取得一定进展，但仍主要基于石油基环氧树脂进行制备为主。木质素生物基环氧树脂及化学灌浆材料制备技术基于人工林剩余物分离纯化技术，采用清洁环保的方法进行分离，提取其中的木质素组分进行化学转化与利用，提升木质素以及人工林的转化附加值，进而采用一锅法开发了酚化改性木质素环氧树脂，随后以木质素基环氧树脂为生物基替代物，开发了新型木质素基环氧树脂灌浆材料。

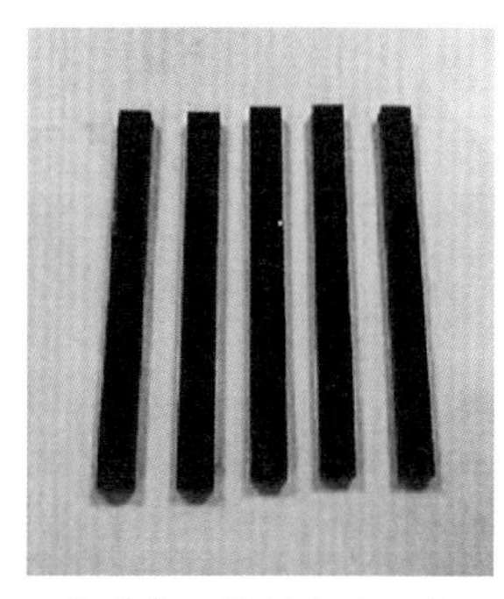

木质素环氧树脂固化物

木质素环氧化学灌浆材料生产线装置

主要特征和技术指标

对分离木质素和水解产物进行分子设计和化学改性，采用一锅法酚化工艺合成热固性木质素基环氧树脂，制得的环氧树脂具有较好的力学性能和热稳定性。随着木质素替代率的增加，环氧树脂的玻璃态转变温度和交联密度增加。以木质素环氧树脂为原料配伍稀释剂、固化剂等制备化学灌浆材料。该成果可在一定程度代替通用石油基环氧树脂，是实现木质素高值化利用的有效方式。该技术实现了化石原料的有效替代和人工林剩余物的高值利用。生物质基环氧树脂木质素含量 23.1%，24h 有机溶剂溶解度 0.6%，冲击强度 13.07kJ/m^2，弯曲强度 127.33MPa，环氧量 226.603 2g/mol，化学灌浆材料黏结强度 4.2MPa，抗压强度 150MPa，可操作时间 50min，渗透压力 1.3MPa。

社会经济效益和市场前景

该成果研制的木质素基环氧树脂的热机械性能优于石油基环氧树脂，为利用工业木质素生产可再生木质素基环氧热固性树脂提供了一条简单、有效、环保的途径。研制的生物基环氧化学灌浆材料各项性能指标处于同类产品较优水平，得到客户认可。近年来已陆续实现销售收入 112 万元。目前，已建设中试和生产示范生产线各 1 条。

成果来源：“人工林剩余物资源化利用技术研究”项目

联系单位：中国科学院广州化学有限公司

通信地址：广东省广州市天河区兴科路 368 号

邮　　编：510650

联 系 人：吕满庚

电　　话：13826229969

更多信息参见 http://www.gic.cas.cn/kycg/yjcg/

纤维素绿色溶剂体系开发及食品包装膜材料制备技术

技术目标

纤维素是自然界中分布最广、含量最多的可再生天然高聚物，占人工林剩余物主要组分的40%以上，可用于生产天丝、醋酸纤维素、纤维素薄膜等高附加值产品。纤维素溶解是对纤维素深加工的必要前提，传统生产黏胶纤维的溶剂NaOH/CS_2溶解工序复杂，生产过程对环境污染严重；绿色溶剂NMMO价格高昂，合成过程存在很大的安全隐患。目前，开发更加环保、安全、低成本且溶解性能优异的新型溶剂体系是国际纤维素溶解研究的主要趋势，也是满足我国纤维素行业绿色发展迫切需求必由之路。离子液体（Ionic Liquids，ILs）是近年来出现的新型纤维素绿色溶剂，全部由阴离子和阳离子组成，在100℃以下呈液态的一类“可设计溶剂”，具有不挥发性、化学稳定性、热稳定性、不可燃性、较低的蒸汽压等优异性能。尽管ILs是一种有效的纤维素溶剂，但现阶段仍存在ILs溶解速度慢、ILs黏度高不利于工业化，价格昂贵等问题。针对这些问题，纤维素绿色溶剂体系开发及食品包装膜材料制备技术从离子液体溶解纤维素的机理入手，通过调控溶剂分子结构或添加助溶剂提升其溶解纤维素能力，设计出新型高效的纤维素绿色溶剂。

主要特征和技术指标

通过添加金属盐助剂，筛选出高效溶剂体系，构建了一种溶解纤维素的绿色溶剂体系。添加金属盐提升了咪唑氯盐类离子液体的氢键接受能力，从而有效缩短纤维素的溶解时间。2% 溶解浆（聚合度为 796）的溶解时间由 52 min 下降为 5 min，最大溶解度提高了 1.37 倍，与高成本醋酸盐类离子液体溶解纤维素能力相当。利用纤维素所具有的生物相容性、生物降解性和可再生性等优点，基于本成果开发的绿色溶解体系，制备了高强度仿生纤维素抑菌膜。抗张强度（纵）达 40.5N/15mm，伸长率（纵）达 15.3%，达到非防潮普通玻璃纸一等品的技术要求 [依据《普通玻璃纸》（GB/T 22871—2008），一等品抗张强度（纵）≥ 25N/15mm，伸长率（纵）≥ 10%]。

社会经济效益和市场前景

该成果应用于山东恒联新材料股份有限公司年产 1 000t 纤维素食品包装膜示范线，目前已开始试生产纤维素包装膜产品，用于制作可降解胶带、绿色农用地膜等。意向客户包括中国邮政、顺丰速递等快递企业。相关技术成果适用于纺织、包装材料等领域，用于生产再生纤维素膜、再生纤维素丝等产品，以实现部分或完全替代石油基塑料产品的目标。

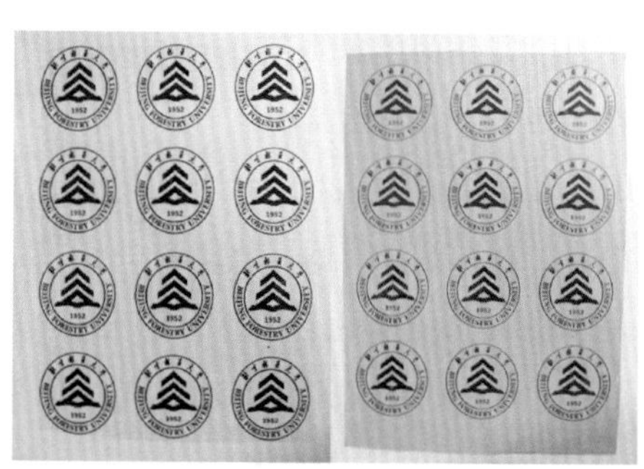

透明膜　　茶色膜

纤维素食品包装膜材料

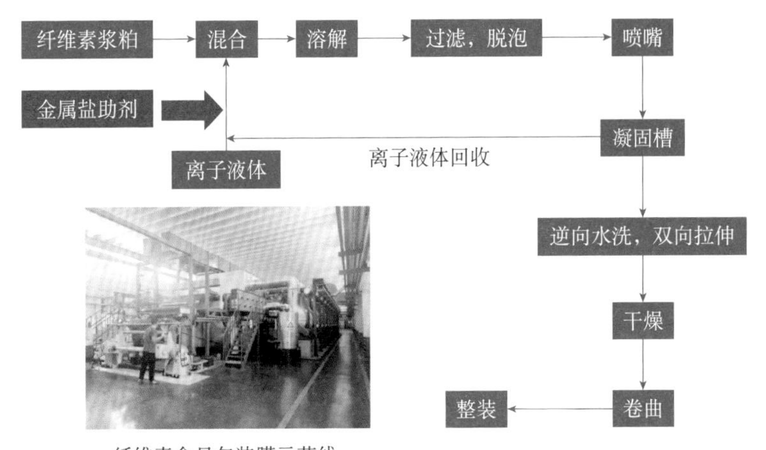

纤维素食品包装膜示范线生产流程

成果来源：“人工林剩余物资源化利用技术研究”项目

联系单位：北京林业大学

通信地址：北京市海淀区清华东路35号

邮　　编：100083

联 系 人：许凤

电　　话：010-62337993

电子邮件：xfx315@bjfu.edu.cn

更多信息参见 http://kyc.bjfu.edu.cn/cgzh/index.html

基于有机酸催化的低聚木糖及葡萄糖绿色多联产技术

技术目标

针对当前低聚木糖生产的瓶颈问题，创制了基于有机酸催化的农林木质纤维素废弃物高效联产低聚木糖和葡萄糖的系统集成新技术。本技术通过化学过程反应与生物过程反应的嵌合，以安全、温和、可回用的有机酸为核心催化剂，重点突破了木聚糖高效定向催化水解与细胞壁纤维素酶水解屏障破除的同步技术、有机酸分离与回用技术、有机酸法制备的低聚木糖饲料添加剂配方与养殖应用技术，实现了高附加值低聚木糖产品与纤维素酶水解葡萄糖产品多联产的集成效果，在显著提高原料利用率和产品得率的同时，解决了现有技术原料适应性、水耗和固体残渣利用三大关键障碍，开发出了低聚木糖饲料添加剂产品 2 个及养殖应用技术 2 种，对于我国农林木质纤维素剩余物的资源化和高值化利用及产业的发展具有十分重要的意义。

主要特征和技术指标

以安全、温和、可回用的有机酸为催化剂，将适用原料拓展至玉米芯、甘蔗渣、小麦秸秆、高粱秆和杨木等，实现原料酸法预处理与低聚木糖定向制备的“一步法”集成效果，低聚木糖产品得率达原料 15%，较当前工业生产水平（碱提取—酶水解法、蒸汽爆破

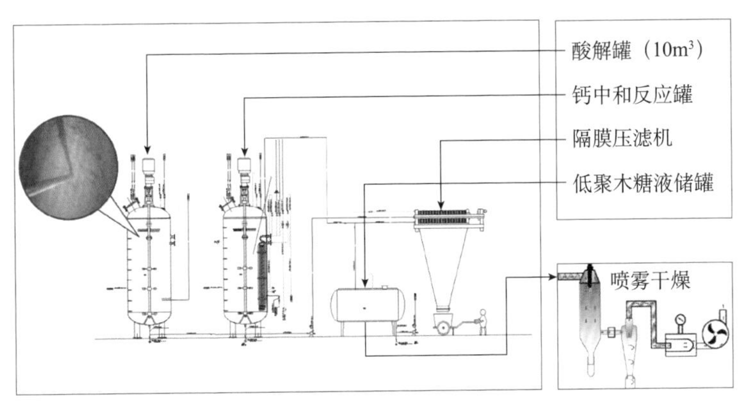

有机酸法低聚木糖生产工艺示范

法）提高 14.4%；综合能耗下降 200% 以上，水耗下降 75%，且木二糖至木六糖组分分布更均匀，占总低聚木糖的比例高于 60%，草类纤维素酶水解得率达到 80% ～ 100%，葡萄糖浓度超过 90g/L，均为当前最高水平。

有机酸催化设备

低聚木糖产品

低聚木糖饮料添加剂产品

社会经济效益和市场前景

基于有机酸催化技术，已建成了年产500t低聚木糖饲料添加剂规模的中试生产线。低聚木糖饲料添加剂产品推广应用至肉鸭、肉鸡、仔猪等动物，养殖数量累计超过13.2万羽（头），基础日粮添加0.01%～0.05%低聚木糖产品，可实现料肉比降低1.5%～3.0%、成活率提高1.0%～2.5%，出栏重提高5%～10%，养殖收益可增加5%～12%。

成果来源：“人工林剩余物资源化利用技术研究”项目
联系单位：南京林业大学
通信地址：江苏省南京玄武区龙蟠路159号
邮　　编：210037
联 系 人：徐勇
电　　话：025-85427649
电子邮件：xuyong@njfu.edu.cn
更多信息参见 https://kjc.njfu.edu.cn/c2816/index.html

林木剩余物高得率清洁制浆技术

技术目标

制浆造纸作为重要的基础原材料产业，对上下游行业拉动效应强。由于国家“禁废令”的颁布，2020 年，制浆纤维原料的缺口达 3 000 万 t，解决原材料自主供给问题已迫在眉睫。针对林木剩余物原料特征差异，进口技术和装备普遍存在生产消耗高、污染负荷高、产品档次低等难题，研发了多级差速挤压均质浸渍软化等关键技术，同时根据我国原料特点，创制出适合林木加工剩余物材性特点的国产化关键装备。集成开发出具有自主知识产权、适应我国纤维原料特点的林木剩余物高得率清洁制浆技术，并积极开展产业化示范和应用。

主要特征和技术指标

开发的林木剩余物高得率清洁制浆技术，攻克了进口技术和装备无法利用林木剩余物制取优质化学机械浆的难题，揭示了林木剩余物难于均质浸渍软化、磨浆过程纤维定向解离的控制机制。使木片吸液能力提升 50% ～ 100%，制浆得率提高 10% 以上，吨浆化学品消耗降低 25% 以上，磨浆电耗节约 35% ～ 50%，废水处理后稳定达标排放。打破了国外公司对我国高得率制浆技术和装备的长期垄断，实现高得率清洁制浆装备的国产化，与进口装备比较，投资节省 70% 以上，关键技术和节能降耗指标处于国际领先水平。该技术获国家科技进步二等奖。

国家科学技术进步奖
证 书

为表彰国家科学技术进步奖获得者，特颁发此证书。

项目名称：混合材高得率清洁制浆关键技术及产业化

奖励等级：二等

获 奖 者：中国林业科学研究院林产化学工业研究所

国家科技进步二等奖证书

岳阳纸业股份有限公司制浆车间技术改造后的生产线

社会经济效益和市场前景

本技术成果已经实现大规模工业化生产，签订转让合同20余项，升级改造了2条进口高得率浆生产线，设计建设林木剩余物高得率浆生产线5条，总产能达95万t，直接经济效益1.06亿元，未来5年技术成果辐射农林剩余物（木材加工剩余物、麦秸、棉秆、玉米秸秆等）高得率清洁制浆产能380万t，新增产值200亿元，利用农林剩余物550万t，节约优质木材1 500万m^3，林农增收32亿元，增加就业岗位8 000多个。

成果来源：“人工林剩余物资源化利用技术研究”项目

联系单位：中国林业科学研究院林产化学工业研究所

通信地址：江苏省南京市锁金五村16号

邮　　编：210042

联 系 人：房桂干

电　　话：025-85482548

电子邮件：fangguigan@icifp.cn

更多信息参见 http://www.icifp.cn/conn/list.aspx

车用燃油挥发控制用木质活性炭关键技术

技术目标

随着国家第六阶段机动车污染物排放标准（以下简称国六排放标准）的施行，对汽车燃油蒸发有效控制和回收用高性能活性炭材料的需求更加迫切。针对当前我国车用燃油挥发控制活性炭燃油吸附性能差、应用范围窄、主要依赖进口的问题，开展以人工林剩余物制备汽车燃油挥发控制用木质颗粒活性炭技术研究，在烘焙提质、粒度调控、真空捏合、优化成型模具结构等关键技术有所创新，并在提高丁烷吸附性能、增加颗粒强度以及改善孔结构分布等方面取得突破，开发出“车用燃油挥发控制用木质颗粒活性炭”新产品，产品主要指标达到国内领先水平，满足国六排放标准要求。

主要特征和技术指标

车用燃油挥发控制用木质颗粒活性炭关键技术耦合了烘焙提质、粒度调控、真空捏合、优化成型模具结构等关键技术。木屑原料通过热解预处理，调控纤维组分，形成活化剂进出通道，有效强化活化剂的吸收渗透及洗脱回收，显著提高活性炭吸附性能；调控木屑粒度小于 0.2mm，使成型颗粒活性炭的表观密度提高 10% 以上，有效提高活性炭丁烷工作容量；开发了真空条件下物料捏合工艺，木屑颗粒间结合更加密实，活性炭强度和表观度明显提高。同时，物料产生的气体被排出后，活化剂渗透效果增强；成型孔直径为2.5mm，制备的活性炭粒径保持在2.0～2.4mm范围内，满足国六汽车炭罐用活性炭标准要求。开发的活性炭丁烷工作容量15g/100mL，比表面积超过1 500m^2/g，耐磨强度92%，产品指标达到国内领先水平，满足了国六排放标准对汽车碳罐用活性炭的需求。

成型料（左）和活性炭（右）

社会经济效益和市场前景

我国汽车燃油挥发控制用颗粒活性炭年需求量2.5万t，其中80%以上依赖进口。目前国外进口的BWC值为12g/100mL的活性炭售价3万元/t，BWC值为15g/100mL的活性炭售价5万元/t，本产品替代国外同类活性炭后，可创造8亿元/年（按照平均价格计算）的经济效益。该项目在福建省鑫森炭业股份有限公司建立年产1 000t木质颗粒活性炭示范生产线1条，按照年产1 000t活性炭计，活性炭成本约1.1万元/t，售价约4万元/t，年销售额可达4 000万元，年利润可达2 900万元，具有可观的经济效益。该产品的应用推广将提高人工林剩余物的附加值，带动和促进相关产业的技术进步和产业的转型升级，对进一步推动我国林业现代化、促进经济与环境协同发展和建设美丽中国均具有重要意义。

成果来源：“人工林剩余物资源化利用技术研究”项目
联系单位：中国林业科学研究院林产化学工业研究所
通信地址：江苏省南京市玄武区锁金五村16号
邮　　编：210042
联 系 人：应浩
电　　话：025-85482498
电子邮件：hy2478@163.com
更多信息参见 http://www.icifp.cn/conn/list.aspx

用于油水分离的落叶松基泡沫炭

技术目标

工业领域每年会产生大量的人工林剩余物资源，为了更加充分地利用这些剩余物，针对木材剩余物典型的固相炭化、微晶的择优取向以及泡沫结构生成等关键技术问题，以落叶松木屑为原料，突破木质原料制备形貌结构可控的炭吸附材料技术，通过苯酚酸催化方法将落叶松木屑加热液化，再经过树脂化、发泡固化和炭化等处理，开发出密度低、油水分离速度快、吸附容量大的“用于油水分离的落叶松基泡沫炭”新产品。

主要特征和技术指标

以落叶松木屑为原料，通过液化—树脂化—炭化的方法，制备了蜂窝状互通开放式孔泡结构泡沫炭材料。所制备的泡沫炭材料具有独特的丰富孔隙开放泡孔结构，兼具疏水性和超亲油性，表现出对油或/和有机溶剂的显著和快速吸收能力。经吸油和油水分离测试，在开孔结构作用下，该泡沫炭具有优良的油类和有机溶剂吸附性能，油类和有机溶剂吸附倍率为55～153倍，油水分离效率大于95%，表观密度为9.7mg/cm^3，表面接触角为134°，经过5次吸附—回收利用后，泡沫炭材料仍具有良好的吸附性能。本技术以人工林剩余物为原料，突破木质原料难于制备形貌结构可控的炭吸附材料技术瓶颈，通过液化—树脂化—炭化制备高吸附性能活性炭；突破木材剩余物典型的固相炭化、微晶的择优取向、泡沫结构生成等技术，实现泡沫炭形貌可控、孔结构可调，制备出密度低、油水分离速度快、吸附容量大的蜂窝泡沫炭。

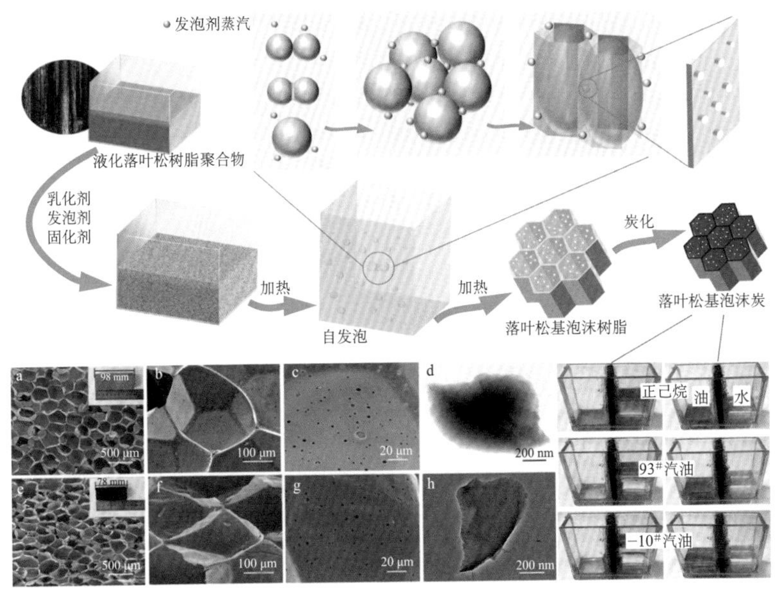

落叶松基树脂泡沫及其泡沫炭的合成技术路线

社会经济效益和市场前景

本技术以低质林木剩余物作为原料，可以在剩余物集中地区建厂，将林木剩余物进行高值化利用，解决当地居民就业增收。工厂计划开 4 条发泡生产线，按照 4 班 3 倒，每班工作人员 5 人，一条生产线可以提供 20 个就业岗位，4 条生产线可以提供 80 个生产岗位。以生产每立方米泡沫产品的成本为 500 元计算，$1m^3$ 泡沫材料能够切割 10cm × 10cm × 10cm 立方体 100 块，每块售价 10 元，合计 100 块 ×10 元 / 块 =1 000 元，每立方米利润为 500 元，按照日产 $10m^3$，年产约为 $3\,600m^3$，年利润为 $3\,600m^3$ × 500 元 $/m^3$=180 万元。该成果已授权发明专利1件。

成果来源：“人工林剩余物资源化利用技术研究”项目
联系单位：东北林业大学
通信地址：黑龙江省哈尔滨市香坊区和兴路26号
邮　　编：150040
联 系 人：李伟
电　　话：13796673316
电子邮件：liwei19820927@126.com
更多信息参见 https://kyy.nefu.edu.cn/kycg/cghj.htm

原位掺氮自成型颗粒活性炭

技术目标

为了达到降低生产成本、减少生产过程中次生污染、提高活性炭性能的目标，新的成型活性炭生产制备方法开发已成为目前的研究热点。基于碱/尿素体系溶解纤维素分子处理，以富含纤维素的人工林剩余物为原料，采用碱/尿素体系对人工林剩余物中的纤维素进行溶解，加入含氮化合物、氮磷化合物，进而制备自成型颗粒活性炭。在溶解过程中，富氮有机化合物渗入木质材料的内部，与木质材料中的芳香烃基、脂肪烃基和羟甲基等基团产生交联反应，有利于在活性炭材料表面原位形成稳定的氮结构，提高活性炭产品的氮掺杂量。同时在碱的活化作用下，热处理过程中木质材料与交联化合物形成活性炭的骨架结构，有利于提高活性炭产品的比表面积，进而制得高吸附性能、高颗粒强度和高掺杂的原位掺杂颗粒活性炭产品。原位掺杂颗粒活性炭可作为无金属催化剂及其载体用于替代负载重金属催化剂，具有降低成本与减少污染的重要意义。

主要特征和技术指标

以杉木屑为原料，通过碱/尿素溶解体系，利用木质原料中纤维素溶解产生塑化与粘结功能的特性，同时以体系中的碱为活化剂、尿素为氮源，制备高吸附性的原位氮掺杂自成型颗粒活性炭。所制备的原位掺氮颗粒活性炭的过氧化氢分解率、强度和氮含量分别为

97.8%、99.6% 和 6.4%。优良的过氧化氢分解率和耐磨强度使其可作为无金属催化剂及其载体用于替代负载重金属催化剂，可降低成本，减少污染，同时原位掺杂颗粒活性炭可用于新型吸附剂、储能材料和电极材料等领域，具有良好的应用推广前景和经济、社会效益。

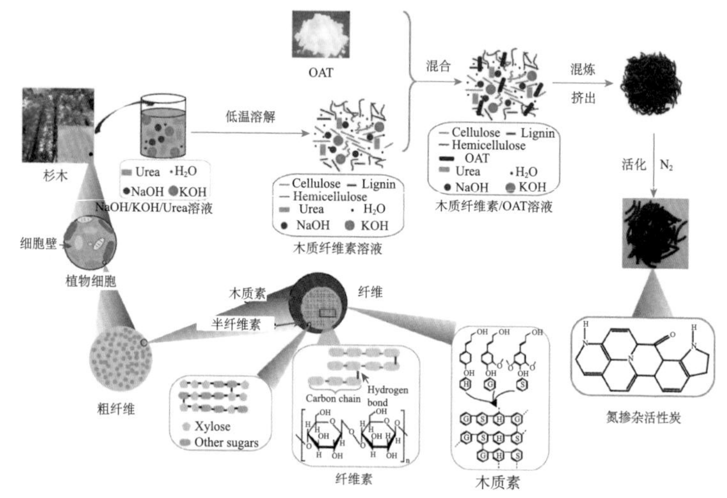

原位掺氮颗粒活性炭的合成技术路线

社会经济效益和市场前景

高吸附性和高强度的原位掺氮自成型颗粒活性炭，可作为无贵金属的炭催化剂替代传统负载重金属型催化剂，用于草甘膦催化领域，有利于降低生产成本，减少重金属污染，具有重要的经济、社会效益。应用该技术进行原位氮掺杂颗粒活性炭生产，成本约为 9 600 元 /t，每吨售价 25 000 元，按年产 1 000t 计，年销售额可达 2 500 万元，年利润可达 1 540 万元，具有可观的经济效益。

成果来源：“人工林剩余物资源化利用技术研究”项目
联系单位：福建农林大学
通信地址：福建省福州市仓山区上下店路15号
邮　　编：350002
联 系 人：林冠烽
电　　话：13696874352
电子邮件：guanfeng002@sina.com
更多信息参见 https://kyy.fafu.edu.cn/main.htm